Basic
Gas
Chromatography
Third Edition

基础气相色谱学

原著第3版

哈罗德 M. 麦克奈尔（Harold M. McNair）

（美）　詹姆斯 M. 米勒（James M. Miller）　　著

尼古拉 H. 斯诺（Nicholas H. Snow）

朱书奎　等译

化学工业出版社

·北京·

内容简介

本书是一本经典的气相色谱著作，由国际知名色谱学家Harold M. McNair等撰写，可以满足广大色谱工作者在色谱基础知识和仪器应用方面的需求。本书内容涵盖了色谱法发展简史，色谱基本概念和术语，气相色谱仪器组成，毛细管色谱柱及色谱柱的选择，色谱固定相，程序升温气相色谱法及应用实例，气相色谱进样口，典型的气相色谱检测器，气相色谱定性和定量分析，气相色谱联用技术，样品前处理方法，多维气相色谱法和填充柱气相色谱法，以及其他类型气相色谱法，包括快速气相色谱、手性分析气相色谱、裂解气相色谱等；最后还介绍了气相色谱系统故障排除方法。

本书可作为化学、环境、食品、地质和医学类本科生及研究生的分析化学教学用书，以及从事气相色谱工作的人员的参考书籍。

Basic Gas Chromatography, 3rd edition. by Harold M. McNair, James M. Miller, Nicholas H. Snow
ISBN：9781119450757

北京市版权局著作权合同登记号：01-2022-5553

图书在版编目（CIP）数据

基础气相色谱学 /（美）哈罗德 M. 麦克奈尔（Harold M. McNair），（美）詹姆斯 M. 米勒（James M. Miller），（美）尼古拉 H. 斯诺（Nicholas H. Snow）著；朱书奎 等译 . —北京：化学工业出版社，2022.12（2024.4重印）

书名原文：Basic Gas Chromatography

ISBN 978-7-122-42275-0

Ⅰ.①基… Ⅱ.①哈…②詹…③尼…④朱… Ⅲ.①气相色谱 - 研究 Ⅳ.① O657.7

中国版本图书馆 CIP 数据核字（2022）第 181402 号

责任编辑：李晓红　　　　　　　　　　　　文字编辑：骆倩文　林　丹
责任校对：张茜越　　　　　　　　　　　　装帧设计：王晓宇

出版发行：化学工业出版社（北京市东城区青年湖南街13号　邮政编码100011）
印　　装：北京科印技术咨询服务有限公司数码印刷分部
710mm×1000mm　1/16　印张15¾　字数243千字　2024年4月北京第1版第2次印刷

购书咨询：010-64518888　　　　　　　　售后服务：010-64518899
网　　址：http://www.cip.com.cn
凡购买本书，如有缺损质量问题，本社销售中心负责调换。

定　　价：98.00元　　　　　　　　　　　　　　　版权所有　违者必究

作为一种高效的分离分析技术，色谱法发展到现在已有一百多年的历史，衍生出气相色谱、液相色谱、薄层色谱、凝胶渗透色谱和纸色谱等不同分支。气相色谱法作为一种挥发性和半挥发性有机物的分析工具，具有高分离效率、高选择性、高灵敏度、快速分析等优势，已广泛应用于石油、化工、环境、食品、天然产物、中草药、生物医学以及空间探索等诸多领域，扮演着越来越重要的作用。全国气相色谱仪的需求以每年四五千台的速度在增加，国产仪器生产厂家发展迅速，已基本达到国际水平。为了适应我国色谱科学技术发展的需要，满足广大色谱工作者的需求，国内也已经出版了一系列由知名色谱学者编写的关于气相色谱的专著，极大地提升了我国色谱研究的水平，也有力地促进了色谱技术在科研工作和企业生产中的应用。与此同时，一些国外经典的气相色谱著作，也对我国的色谱工作者具有重要参考价值，然而，目前国内还缺少相关译著。

由 John Wiley & Sons, Inc. 出版的图书 *Basic Gas Chromatography* 是国际上最权威的气相色谱专著之一，其主编是享有盛誉的色谱学者 Harold M. McNair 教授，该著作自 1998 年出版发行第一版以来，就广受世界各地色谱研究人员的欢迎。随后该书经过作者的修订后再版，成为国外许多高校的气相色谱教材。2019 年，作者又补充并增加了一些气相色谱新技术和新应用，出版了该书的第三版。受化学工业出版社的委托，我组织中国地质大学（武汉）的部分青年学者对该专著进行了翻译。本书第 1～3 章由于浩、朱书奎翻译，第 4～6 章由陈品、朱书奎翻译，第 7、8 章由王佳豪、朱书奎翻译，第 9～11 章由杨虎成翻译，第 12～14 章由宁涛翻译，第 15 章由祗思源翻译。张万峰、祗思源对部分章节进行了校改工作，朱书奎对全书统改、定稿并作译序。我们在翻译过程中力求保持原著的写作风格，但在不曲解原文的前提下，也对部分内容采用了符合中文表达习惯的写作方式，使全书更加通俗易懂。由于译者水平有限，书中不妥之处在所难免，期待广大读者不吝指正。

朱书奎
2022 年 12 月于武汉

自从 50 年前 McNair 和 Bonelli 出版了《基础气相色谱学》(第一版) 后，气相色谱法开始不断发展和成熟。当前，气相色谱仪已成为许多学科的常规工具，从事气相色谱相关的工作人员众多，使得该领域充满了生机和活力。利用实验室的气相色谱仪，不仅可以进行常规、简单的样品分析测试，也可以开展相关学科的前沿研究。仪器可以设计为传统的台式仪器或占地面积小的台式系统，也可以做成便携式仪器，甚至可以将全部功能集成在一块芯片上。气相色谱仪还常用于非实验室环境，包括生产现场在线取样和分析，甚至用于太空研究领域。

目前，气相色谱仪器设计越来越先进和成熟，不仅能充分利用毛细管柱的分离能力，还将先进的固态电子学技术引入仪器的进样口和检测器中，因此气相色谱技术正在经历一次伟大复兴。现在大多数气相色谱分析工作都是使用毛细管柱进行的，它提供了非常高的分离能力和分辨率。现代仪器设备也大大简化了气相色谱的常规使用方式，例如，对所有的气流和温度系统都采用了电子控制，数据系统可以自动执行计算和生成报告等。

虽然气相色谱技术已经得到了长足的发展，但这本书的目的还是与 50 年前一样：帮助气相色谱的新手快速入门，并帮助实践经验丰富的人员深入领会气相色谱法的基本理论。即使新的仪器不断被开发出来，它们的基本化学原理和色谱理论仍然是一样的。

在第三版中，为了强调毛细管气相色谱法，我们对全书的内容进行了重新组织，与填充柱气相色谱法相关的内容则集中放在新的第 13 章中介绍。对进样口和程序升温方面的讨论进行了适当扩展。对与检测器相关的章节也已进行了重新组织，将经典的检测器和光谱检测器分开介绍。对与多维气相色谱法和样品前处理方面的章节进行了较大更新。

我们欢迎 Seton Hall 大学的 Nicholas Snow 博士加入本书的作者团队，也欢迎 PharmAssist 实验室的 Gregory Slack 博士回到我们团队，并撰写了第 11 章样品前处理技术。此外，我们还要感谢和我们一起工作过的许多同事和学生，你们对这本书的贡献一点也不比我们少，你们也毫无保留地教会了我们许多色谱知识。

Harold M. McNair
James M. Miller
Nicholas H. Snow

当本书的第一版在 1998 年出版时，气相色谱（GC）就已经发展成了一项成熟且非常受欢迎的分离技术。Grob 在 1995 年已经出版了一部堪称百科全书的《气相色谱法现代实践》第三版。但是，这个领域的知识并不是一成不变的，有很多新的信息需要在本书的第二版进行更新。与此同时，Grob 的书（现与 Barry 合编）已经更新到了第四版（2004 年），内容超过 1000 页。Miller 也将其撰写的关于色谱的书更新到了第二版（2005 年）。

我们的目标和意图是继续保持本书短小精致、强调基本概念和基础知识的特色。第一版特别专题章节中包含的几个主题已经在第二版中得到了扩充，包括气相色谱 - 质谱联用（GC-MS）和特殊的样品采集方法，或者称为 "样品前处理方法"。此外，本版还增加了一个关于多维气相色谱技术的新章节。同时，在特别专题章节增加了两个新主题，即快速气相色谱技术和非挥发性化合物的气相色谱分析。后者包括原位衍生化、辅以反相气相色谱和热解气相色谱技术。整本书也已经更新了参考文献、资源和网站。

新增加的两章（第 11 章和第 12 章）内容由 Nicholas Snow 和 Gregory Slack 撰写，两人都曾是 McNair 的学生。他们本身就是知名的色谱论文作者，我们欢迎他们，并感谢他们的贡献，可以在致谢页上找到有关他们的更多信息。

在这里我们还要重复在第一版前言中所表达的感激之情，否则将是我们的疏忽。本书编写过程中，包括我们的导师、学生和其他同事在内的许多人都帮助过我们，也教会了我们很多色谱知识。最后，我们还要感谢我们的妻子和家人的大力支持和鼓励。

衷心感谢你们!

Harold M. McNair
James M. Miller

第二版·前言

第二版·前言

在分析化学技术系列丛书中，如果缺少了一本关于气相色谱（GC）这一应用最为广泛的技术的书籍，那么该系列丛书绝对是不完整的。经过 40 多年的发展，气相色谱已经成了一种成熟的分析方法，而且今后也不可能在分析技术发展大潮中有丝毫褪色。

在气相色谱技术发展初期，出版了许多书籍来向分析工作者介绍该技术的最新进展。然而，这些书籍很少保持更新，也很少有新的书籍出现，因此很难找到一本令人满意的专门介绍该技术的书。本书试图满足这一需求，它的内容部分来自早期由 McNair 和 Bonelli 合著的《基础气相色谱学》（第一版），该书由 Varian 仪器公司出版。本书的另一些内容则来自 Miller 的早期著作《色谱：概念和对比》，该书由 Wiley 出版社出版。

根据本系列丛书的目标，我们试图编写一本简要介绍气相色谱基础知识的书籍。它重点强调气相色谱技术的实际应用方法，应该会吸引到不同教育水平的读者。本书的读者需要具备一些基本的有机化学和物理化学背景。这本书也可在正式的课程教学中使用，适合于本科分析化学课程及由美国化学学会和其他机构提供的密集短期课程。同时，对那些进入该领域的分析人员而言，本书也是必不可少的，尤其是对从事气相色谱工作的工业化学家来说，本书更是非常有用的参考和指南。

由于 IUPAC 最近发布了色谱法中的命名规范，我们在本书编写中已经严格遵守了这些规范，以便促进在本领域内形成一套统一的定义和符号。此外，我们还尽力使这本书看起来像是由一个作者编写而成的，这种风格对该领域的初学者尤其重要。否则，书的内容和范围将与已出版的相关书籍并无差别。

虽然开口管（OT）柱是最受欢迎的色谱柱类型，但本书将会全面介绍开口管柱和填充柱，并对它们的优缺点和应用情况进行对比。此外，每种类型的色谱柱都有专门的章节进行介绍。第 2 章介绍了基本的仪器知识，第 7 章介绍了检测器。其他章节还包括固定相（第 4 章）、定性和定量分析（第 8 章）、程序升温（第 9 章）和故障排除（第 11 章）。第 10 章简要介绍了 GC-MS、衍生化、手性分析、顶空进样和固相微萃取（SPME）等重要的特色主题。

感谢我们以前的教授和许多以这样或那样的方式帮助和鼓励我们的同事，感谢那些多年来给我们提出宝贵批评意见并使我们提高专业知识和沟通技巧的学生们。

Harold M. McNair

James M. Miller

我们感谢纽约南柏林 PharmAssist 实验室的科学主任 Gregory C. Slack 博士，他撰写了本书第 11 章 "采样方法"。

Snow 博士感谢 Thomas M. 博士和 Sylvia Tencza 女士对他在 Seton Hall 大学教授职位的支持。

致
谢

目 录

第 **1** 章

引言

从事有机分析的实验室如果没有配备气相色谱仪，将是不可思议的。气相色谱法（gas chromatography，GC）是最早应用于挥发性化合物分离和分析的技术，目前已广泛应用于气体、液体和固体样品的分析，其中固体样品分析前通常需要先将其溶解在挥发性溶剂中。气相色谱法可以分析有机和无机样品，待测化合物的分子量范围可以在 $2 \sim 1000Da$ 及以上。

目前，气相色谱仪仍然是世界上使用最广泛的分析仪器。高效毛细管柱用于化合物的分离，具有高分辨率，可以分离分析咖啡香气中450 多种成分；同样，对于像薄荷油这样复杂的天然产品中的化学组成分析，也可以得到令人满意的结果，如图 1.1 所示。此外，检测器灵敏度也是反映仪器性能的重要指标，如常用的火焰离子化检测器具有非常高的灵敏度，可以对浓度为 50ng/mL 的有机化合物进行准确定量，且定量结果的相对标准偏差仅为 5%。配置了自动进样系统的仪器每天可以连续分析 100 多个样品，而且停机时间短。通常情况下，只需要大约 2 万美元，即可购置一台能够满足上述全部分析性能的气相色谱仪器。

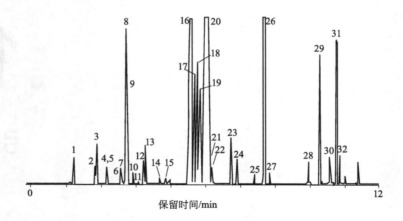

图 1.1　典型的气相色谱分离图

资料来源: Courtesy of Phenomenex, Inc.

样品: 浓度为 10% 的薄荷油(溶于二氯甲烷中);

色谱柱: Zebron-1MS, 100% 聚二甲基硅氧烷, 10m×0.10mm×0.1μm;

升温程序: 45℃, 保持 2min, 10℃/min 升温至 130℃, 再 330℃/min 升温至 280℃;

载气: 氦气, 0.3mL/min, 恒流;

进样: 分流比 120∶1, 进样量 0.2μL, 进样口温度 160℃;

检测器: 质量选择检测器;

色谱峰: 1—α-蒎烯; 2—香桧烯; 3—β-蒎烯; 4—月桂烯; 5—3-辛醇; 6—α-萜烯; 7—对伞花烃; 8—桉树脑; 9—D-柠檬烯; 10—顺式罗勒烯; 11—反式罗勒烯; 12—γ-萜烯; 13—顺式水合桧烯; 14—β-萜品醇; 15—芳樟醇; 16—薄荷酮; 17—异戊酮; 18—薄荷酮呋喃; 19—新薄荷醇; 20—薄荷醇; 21—新异薄荷醇; 22—α-萜品醇; 23—胡薄荷酮; 24—胡椒酮; 25—乙酸新薄荷酯; 26—乙酸薄荷酯; 27—乙酸异薄荷酯; 28—波旁烯; 29—石竹烯; 30—金合欢烯; 31—大根香叶烯; 32—榄香烯

1.1　色谱法的发展简史

　　色谱法始于 20 世纪初, Ramsey[1] 使用木炭作吸附剂分离了气体和蒸汽的混合物, Michael Tswett[2] 用液相色谱法(liquid chromatography, LC)分离了植物色素。Tswett 也因为创造了 "色谱" 这一术语(字面意思为 "有颜色的印记")并科学地描述了这一过程, 而被誉为 "色谱之父"。他的论文也因在相关领域具有举足轻重的作用而被翻译成英文再次出版[3]。当然, 随着色谱法发展至今, "颜色" 一词逐渐失去它本身的意义, 分析对象也早已不再限于有色样品了, 色谱法更多地用于无色样品的分析中。

　　气相色谱法是色谱法的一种形式, 是以气体为流动相的色谱法。1952 年,

Martin（马丁）和 James（詹姆斯）提出和建立了气相色谱法，并发表了相关论文[4]，这一具有开创性的工作是在 Martin 等人于 1941 年发表的关于液 - 液分配色谱的论文基础上完成的[5]，因为上述杰出成果，Martin 获得了 1952 年的诺贝尔化学奖。随后，气相色谱法因简单高效且适用于多种挥发性组分的分离而被熟知，特别是对于采用蒸馏法进行分离的石油化工产品分析更是一大福音。气相色谱法的理论可行性也得到了验证，还衍生了更多先进理论。同时，市场对于新仪器的迫切需求也极大地促进了新型气相色谱仪器的开发。

Ettre 撰写了近 50 部关于色谱发展史的著作，对各种形式的色谱方法的发展历程做了深入论述。其中三部最具代表性的著作分别介绍了以下三方面的内容：①对 Tswett、Martin、Synge 和 James 的研究工作的报道[6]；②关于仪器开发进展的阐述[7]；③对 200 多篇关于气相色谱早期发展文献的综述[8]。

目前，气相色谱法已发展成为一项非常成熟的、至关重要的分析技术。全球气相色谱仪器市场估计每年可达 20 亿～ 30 亿美元，对该仪器的年需求在 40000 台左右。

1.2 定义

为了准确恰当地定义色谱法，我们需要引入一些术语和符号，在下一章将详细介绍这些概念和符号的来源和解释。

1.2.1 色谱法

国际纯粹与应用化学联合会（International Union of Pure and Applied Chemistry，IUPAC）对色谱法的"官方"定义如下：

色谱法是一种物理分离方法，待分离的组分在两相之间分配，其中一相是固定的（固定相），另一相（流动相）按一定的方向流动。色谱洗脱则是让流动相连续流经色谱柱的过程，在该过程中样品以"塞子"状导入色谱系统[9]。这一过程称为洗脱。

各种不同的色谱过程都依据流动相的物理形态来命名，所以气相色谱的流动相为气体，而液相色谱的流动相为液体。图 1.2 展示了各种常用的气相色谱和液相色谱技术的流程图。

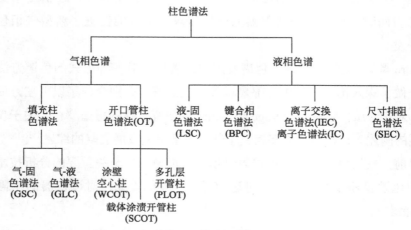

图 1.2 色谱法的分类（缩略词详见附录 1）

气相色谱分析时样品首先被汽化，然后在流动相（载气）作用下通过色谱柱。在分析过程中，样品在特定温度下根据其在固定相中的溶解度进行分配，样品中各组分（溶质或待分析物）因相对蒸气压、与固定相的亲和力不同而彼此分离。

根据固定相的状态，气相色谱法又可以进一步分为不同类型。如果固定相是固体，称为气 - 固色谱法（gas-solid chromatography，GSC）；固定相是液体，则称为气 - 液色谱法（gas-liquid chromatography，GLC）。值得注意的是，与上述简单分类法相比，根据开口管（或毛细管）气相色谱柱和液相色谱柱的特性，还有其他分类方法。但是，按不同分类方法得到的各种气相色谱类型，总体上都可分别归属于气 - 固色谱法和气 - 液色谱法两类，其中一些毛细管柱气相色谱属于气 - 液色谱法，而另一些属于气 - 固色谱法。目前，在这两种主要气相色谱类型中，应用最广泛的是气 - 液色谱法，因此将在本书中着重介绍气 - 液色谱法。

气相色谱采用气体作为流动相，因此，需要确保整个系统无气体泄漏，为满足上述要求，可通过一根色谱柱与进样口和检测器连接来实现，色谱柱可以是涂有固定相的玻璃或金属管。色谱柱命名时常包含相应固定相的信息，例如，名称为聚二甲基硅氧烷（PDMS）的色谱柱，表明该色谱柱内的固定相是PDMS。关于色谱柱命名的详细信息，请参阅第4章和第5章。

1.2.2 色谱过程

图1.3是色谱过程示意图，图中水平线代表色谱柱。每条水平线就像是色谱进程在不同时间的截图（从上到下时间递增）。在第一幅（顶部）快照中，由组分A和B组成的样品被引入到色谱柱上一个狭小区域内。之后，样品被流动相携带通过色谱柱（由左至右）。

每个组分都会在两相之间重新分配，如线上和线下的分布或峰值所示，线以上的峰表示某个组分在流动相中的量，线以下的峰表示它在固定相中的量。与组分B相比，组分A在流动相中分布更多，比组分B更快流过色谱柱。因此，当A和B通过色谱柱时发生分离。最终，组分如图中所示，离开色谱柱并进入检测器。

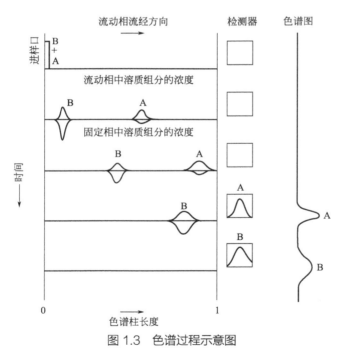

图1.3　色谱过程示意图

资料来源：Miller [10, p44]，由John Wiley&Sons, Inc 授权转载

检测器的输出信号产生图 1.3 右侧的色谱图，图 1.3 也说明了气相色谱中分离的主要驱动力为相转移平衡。待分析物在流经色谱柱的过程中在流动相和固定相之间重新分配。图中线上和线下的峰值相对大小也表示了每个相中组分的相对质量。固定相中质量与流动相中质量之比就是保留因子（k），它是色谱法中最重要的变量之一。组分 A 在流动相中的质量更大，所以它能更快地流经色谱柱。有关相平衡的详细内容将在第 2 章中介绍。

图 1.3 还显示了单个色谱峰在整个色谱过程中是如何展宽的。这种展宽是由色谱流程中的动力学过程引起的，关于展宽的程度将在第 2 章中进行介绍。

给定组分被固定相吸附的趋势用化学术语表示为平衡常数，称作分配常数 K_c，有时也称为分配系数。分配常数原则上类似于控制液 - 液萃取的分配系数。在色谱法中，该常数的值越大，组分在固定相的吸附能力就越强。

分配常数代表了溶质在固定相上或固定相中的总吸附数值，因此，它表示了组分与固定相的相互作用的程度，以及对溶质通过色谱柱的行为过程的控制力度。换言之，由热力学过程控制的分配常数的差异会影响到色谱分离。

如果根据溶质的吸附类型进行分类，发生在固定相表面的吸附行为称为吸附（adsorption），进入固定相内部的吸附行为称为吸收（absorption）。这些术语在图 1.4 中以漫画的形式形象地表现出来。然而，大多数色谱学家常使用"分配"这个术语来描述吸收过程，也就是认为吸附作用是组分附着在固定相的表面上，而分配作用是进入固定相的内部。通常来说，对于给定的色谱柱，这两项进程有一项占据主导地位，但二者是可以共存的。

吸收　　　　　　　　　　　　吸附

图 1.4　吸收（分配）和吸附之间的区别

资料来源：Miller [10, p.45]，由 John Wiley&Sons，Inc 授权转载

1.2.3　基础色谱术语和符号

　　IUPAC 给出了各种色谱的色谱术语、符号和定义标准[9]，本书中使用了 IUPAC 的定义。但是在 1993 年 IUPAC 发布之前，并不存在统一的标准，阅读旧的出版物可能会造成一些混乱。表 1.1 罗列了一些旧的公约和 IUPAC 的定义。

表 1.1　色谱学术语和符号

IUPAC 定义的符号和名称	其他在使用的符号和名称
K_c 分配常数（针对 GLC）	K_p 分配系数 K_D 分布系数
k 保留因子	k' 容量因子；容量比；分配比
N 塔板数	n 理论塔板数
H 塔板高度	HETP 一个理论塔板的高度值
R 阻滞系数（柱内）	R_R 保留比
R_s 峰分辨率	R
α 分离因子	选择性；溶剂效率
t_R 保留时间	
V_R 保留体积	
V_M 死体积	V_m 流动相体积；V_G 气相体积；V_O 空隙体积

　　资料来源：摘自 Ettre[9]。

　　分配常数 K_c 已经作为溶质与固定相分配平衡的控制因素讨论过，它被定义为固定相中溶质 A 的浓度（$[A_s]$）除以流动相中溶质 A 的浓度（$[A_m]$）：

$$K_c = \frac{[A_s]}{[A_m]} \tag{1.1}$$

　　该常数是一个由温度决定的热力学值，它表示溶质在两相之间分布的相对趋势。不同的分配常数会使溶质通过色谱柱时的迁移速率不同。

　　图 1.5 展示了典型的单一溶质 A 的色谱图，在色谱图比较靠前的位置有一个小峰。在色谱柱对溶质进行保留的过程中，我们通过其保留时间（t_R）或保留体积（V_R）来将该溶质定性为 A。溶质 A 的保留时间和保留体积在图中标示为从进样口到最高峰值的距离。保留时间是指溶质从色谱柱中洗脱出来所需的时间，这个时间与洗脱溶质 A 所需的载气体积有关，设流速为 F_c，且流量为恒定值：

$$V_R = t_R \times F_c \tag{1.2a}$$

或

$$t_R = \frac{V_R}{F_c} \tag{1.2b}$$

如果没有特别说明，那么假设恒定流速条件下，保留时间与保留体积成正比，且两者可以用来表示相同的概念。而保留时间远比保留体积更常用，故本书将主要使用保留时间。关于保留体积的讨论详见第14章。

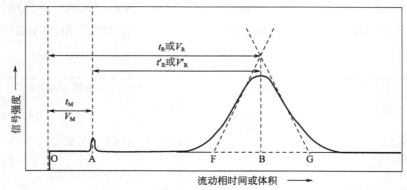

图 1.5　典型单一溶质 A 的色谱图

资料来源：Miller [10, p.46]，由 John Wiley&Sons，Inc 转载

图 1.5 中比较靠前位置的小峰代表一种在固定相中不吸附、直接流经色谱柱的溶质。IUPAC [9] 将 V_M 命名为 "holdup volume"（死体积，滞留体积），并将其定义为"在一定柱温和环境压力条件下，从色谱柱中洗脱未保留化合物所需的流动相（mobile phase，MP）的体积"。类似地，时间参数 t_M 被命名为 "holdup time"（死时间），并定义为"流动相流经色谱柱所需要的时间"。此外，由于发现原先使用的术语具有误导性或者过于冗长，IUPAC [11] 建议停止使用 "dead volume"（死体积）这一通用术语。在气相色谱中，不保留组分往往是空气或者甲烷，图 1.5 中标记为 A 的峰有时被称为空气或甲烷峰。

保留体积、保留时间和流量之间的数量关系由 Karger 等 [12] 和 Snow [13] 在相关著作或论文中导出。即方程式（1.3），这是色谱法中基本数量关系之一，它将保留时间 t_R 表示为溶质在流动相中移动的时间 t_m 和在固定相中吸附固定的时间 t'_R 之和：

$$t_R = t_m + t'_R \tag{1.3}$$

结合式（1.2）和式（1.3）来看，我们不难发现，溶质洗脱所需的总时间可以看作由两部分组成：溶质通过色谱柱中填充的气体所需的时间 t_m，以及溶质没有移动，在固定相上或固定相内部停留的时间 t'_R，后者由分配常数（溶质吸附的趋势）和色谱柱中固定相的量 V_S 来决定。而溶质在色谱流程中，不是在流动相中随流动相的流动而移动，就是吸附到固定相保持不动。所以有这两个时间，便能计算总保留时间或体积，即 t_R 或 V_R。

1.3　气相色谱的优缺点

1.3.1　气相色谱的优势

气相色谱的一些显著优势总结如下：

- 分析时间快，通常只需几分钟；
- 分析效率高，且具备较高分辨率；
- 灵敏度高，µg/mL 浓度级别可轻易检出，甚至常用于 ng/mL 浓度级别；
- 无损检测，使得在线联用成为可能，例如与质谱的联用；
- 定量精度高，RSD 通常在 1% ~ 5%；
- 需要样品量小，通常为 µL 级别；
- 可靠性高，操作简单；
- 分析方法廉价。

色谱学家一直对快速分离非常感兴趣，而气相色谱又是其中最快的一种，目前的商品化仪器可以在数秒内完成一个样品分析。最近，快速气相色谱被用于全二维气相色谱（GC×GC）的第二维系统中，传统一维色谱分离后的洗脱液被快速注入较短的第二维色谱柱中进行二次分离，这个过程只需要几秒就可以完成。图 1.6 展示的等值面图中（俯视色谱图），较亮的点代表色谱峰。图 1.7 展示了马拉硫磷从传统一维色谱流出混合组分的二维分离。本质上，就是左边的色谱图中大峰的"切片"被再次注入第二维色谱柱中，得到右边的第二维色谱图，我们将在第 12 章讲述更多 GC×GC 的细节。

从图 1.1 中可以明显地看出气相色谱具有高分离效率，其效率可以用塔板数来评价，毛细管柱的塔板数一般能达到几十万。正如人们所预料的那样，一场非正式的竞赛已拉开序幕：即看谁能生产出具有最高塔板数的色谱柱——世界上"最好"的色谱柱。由于色谱柱的效率随着柱长的增加而增加，这也导致了厂

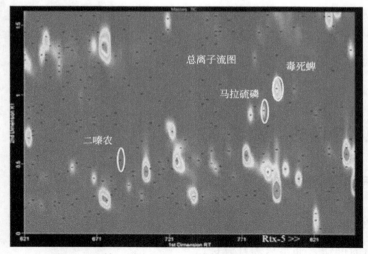

图 1.6　苏打粉中农药的 GC×GC 分离等值面图

注：第二维（y 轴）分离大约在 2s 以内，可以看到第二维快速分离是
如何将马拉硫磷和毒死蜱从主要基质组分（色谱峰位于二者的正下方）中分离出来的。
资料来源：经 Leco 公司许可后转载

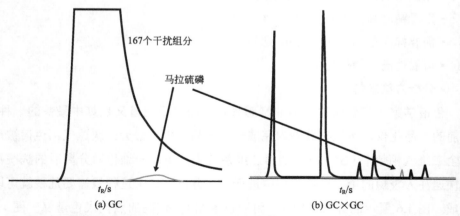

图 1.7　色谱图展示了用 GC×GC 将马拉硫磷从混合基质组分中分离开的过程

注意其在 GC×GC 色谱图中的保留时间以秒（s）为单位
资料来源：经 Leco 公司许可后转载

家争相生产出最长的色谱柱。目前，最长的色谱柱记录由 Chrompack International
公司（现在隶属于安捷伦科技公司）保持[14]，该公司生产了一根 1300m 长的熔融
石英色谱柱（这已经是能放入商品化 GC 柱温箱中的最大尺寸了）。它的塔板数能
达到 120 万，而这比设计时预想的要小得多，部分归因于生产条件的限制。

此外，还有一根超高效色谱柱被生产出来，它的柱长为 450m，由 9 根 50m 长的色谱柱连接而成[15]。尽管柱长比 Chormpack 的色谱柱短得多，但其柱效接近理论柱效的 100%，计算结果表明该色谱柱的塔板数为 130 万，能够分离汽油样品中的 970 个组分。目前，这种极端复杂样品通常使用全二维气相色谱进行分离分析，有关全二维气相色谱内容将在第 12 章中详细介绍。

由于气相色谱具有很好的定量分析能力，它在许多不同的领域中得到了广泛应用。定量灵敏度高的检测器以相对较低的成本提供快速、准确的分析。图 1.8 是对一个农药样品分离分析的例子，该图很好地展现了气相色谱法的高速、灵敏和高选择性特性。

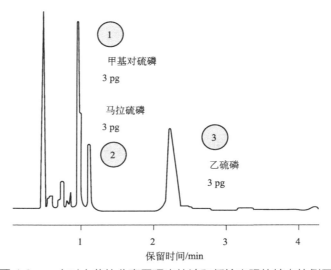

图 1.8　一个对农药的分离展现出快速和低检出限的特点的例子

气相色谱已经取代蒸馏法成为分离挥发性物质的首选方法。在这两种技术中，温度都是主要的变量，但气相色谱分离也取决于固定相的化学性质（极性）。这个附加的变量使得气相色谱更具竞争力。此外，在气相色谱法中，色谱柱中溶质浓度非常低，这一点可以减小共沸物存在的可能性，而共沸现象会对蒸馏分离造成非常大的困扰。

这两种方法均限于分离挥发性样品使用。而大多数气相色谱仪的实际工作温度大约在 380℃，所以样品需要在该温度下具有较高的蒸气压（60Torr 或更高，1Torr = 1.33322×10^2Pa）。为满足上述要求，用于气相色谱分析的待测化合物（溶质）的沸点通常不能超过 500℃，分子量不超过 100。

1.3.2　气相色谱的局限性

气相色谱法的主要局限性和其他缺点如下所示：
- 仅限于挥发性样品分析；
- 不宜用于热稳定性差的样品分析；
- 不适用于大的、制备规模的样品分析；
- 通常需要光谱或质谱来辅助色谱峰的鉴定。

总而言之，气相色谱法因具有快速、高分辨率、使用方便等优点，依然是对挥发性物质的分离分析的首选方法。

1.4　仪器和色谱柱

图 1.9 展示了一台简易气相色谱仪器的基本构成，随着仪器不断更新换代，各组成部件也变得越来越复杂和小巧，但是它们的基本原理和特性未发生改变。各种气相色谱仪组成也基本相同，包括载气系统、流量控制器、进样系统、色谱柱（在柱温箱内部）、检测器和数据分析系统等。关于仪器组成的更多细节将在第 3 章详细介绍。

色谱柱是气相色谱仪的核心部件，待测组分的分离就从这里开始。最初，色谱柱是金属管，里面填充着涂渍固定液的惰性载体。目前，最常用的色谱柱是熔融石英毛细管开口管柱，柱长为 10 ～ 100m，内径为 0.1 ～ 0.53mm。固定液被涂渍在毛细管柱的内壁上，通常厚度为 0.1 ～ 5μm。填充柱一般为 1 ～ 2m 长，内径 0.2 ～ 0.4cm，填充物是液相包裹在固相载体上的颗粒。两种类型的色谱柱示意图见图 1.10，毛细管柱将在第 4、5 章详细介绍，填充柱将在第 13 章详细介绍。

由于目前大多数气相色谱分析使用毛细管柱，因此毛细管柱气相色谱是本书的主要内容。第 2 章我们将介绍色谱分析的基本原理和常用的色谱公式，第 3 章对仪器进行概述，第 4、5 章分别介绍色谱分离的核心内容——色谱柱和固

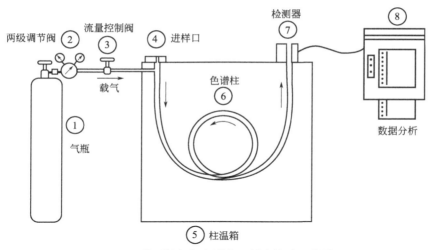

图 1.9 典型的气相色谱仪器基本构成示意图

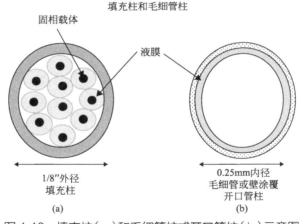

图 1.10 填充柱（a）和毛细管柱或开口管柱（b）示意图

定相，第 6 章介绍程序升温，第 7 章介绍进样系统，第 8 章介绍各种类型的检测器，第 9 章介绍定性和定量分析，第 10 ～ 13 章分别介绍 GC-MS 和其他光谱检测器、样品前处理方法、多维气相色谱和填充柱气相色谱，第 14、15 章将分别介绍其他专题和气相色谱仪器的故障排除。

参考
文献

[1] Ramsey, W. (1905). *Proc. Roy. Soc.* A76: 111.

[2] Tswett. M. (1906). *Ber. Dent. Bolan. Ges.* 24: 316-384.

[3] Strain, H. H. and Sherma, J. (1967). *J. Chem. Educ.* 44: 238.

[4] James, A. T. and Martin, A. J. P. (1952). *Biochem. J.* 50: 679.

[5] Martin, A. J. P. and Synge, R. L. M. (1941). *Biochem. J.* 35: 1358.

[6] Ettre, L. S. (1971). *Anal. Chem.* 43 (14): 20A-31A.

[7] Ettre, L. S. (1990). *LC-GC* 8: 716-724.

[8] Ettre, L. S. (1975). *J. Chromatogr.* 112: 1-26.

[9] Ettre, L. S. (1993). *Pure Appl. Chem.* 65: 819-872. Sec also, Ettre, L. S. (1993). *LC-GC.* 11: 502.

[10] Miller, J. M. (2005). *Chromatography: Concepts and Contrasts*, 2e. Hoboken, NJ: John Wiley & Sons.

[11] Dominguez, J. A. G. and Diez-Masa, J. C. (2001). *Pure Appl. Chem.* 73: 969-981.

[12] Karger, B. L., Snyder, L. R., and Horvath, C. (1973). *An Introduction to Separation Science*, 131-166. New York: Wiley.

[13] Snow, N. H. (1996). *J. Chem. Educ.* 73 (7): 592-597.

[14] de Zeeuw, J. (1996). Chrompack International B. V. (currently Agilent Technologies), Middleburg, the Netherlands, personal communication to H. McNair, 1996.

[15] Berger, T. A. (1996). *Chromatographia* 42: 63.

第 2 章

基本概念和术语

在第 1 章中，我们介绍了一些基本定义和术语来帮助读者了解色谱系统。本章我们将着重介绍一些色谱术语以及色谱的基础理论知识。关于一些符号的表述请参阅表 1.1。特别要注意的是，IUPAC给出的相关定义，在本书中也将会用到。

本章将继续讲解速率理论，这一理论将会解释溶质峰通过色谱柱时出现展宽的原因。色谱法中速率理论本质上就是色谱过程中的动力学，对减小峰展宽、提高分离效率具有指导意义。

2.1 定义、术语和符号

2.1.1 保留时间

第 1 章中的图 1.5 展示了一张简单的色谱图，并将保留时间 t_R 定义为调整保留时间 t_R' 和死时间（holdup time） t_M 之和，如式（2.1）所示：

$$t_R = t_R' + t_M \tag{2.1}$$

这表明分析物在色谱柱中消耗的总时间等于它在固定相吸附的时间（ t_R' ）和在流动相携带下流经色谱柱消耗的净时间（ t_M ）之和。与保留时间有关的定义、术语和符号，揭示了在分离、气流和保留时间两两之间的基本化学联系。

2.1.2 分配常数

在第 1 章中，我们提出了一个热力学平衡常数，即分配常数 K_c，作为某一给定溶质在色谱柱中移动速度的控制参数。对于某一溶质或者分析物 A，在柱内发生相变的平衡化学方程为

$$A(流动相) \Longleftrightarrow A(固定相) \tag{2.2}$$

定义分配常数的平衡常数表达式是：

$$K_c = \frac{[A_s]}{[A_m]} \tag{2.3}$$

公式中方括号表示摩尔浓度，下标 s 和 m 分别代表固定相和流动相。分配常数值越大，代表更多的溶质被吸附在固定相，在柱上停留的时间就越长。由于这是一个平衡常数，人们会认为色谱是一个平衡过程。但显然不是，因为流动相载气会不断地将溶质分子带出色谱柱。然而，如果传质动力学很迅速，色谱分离将会接近平衡，因此分配常数可以很好地描述溶质在色谱分离过程中的行为。

此外还有一个很少提及的假设是不考虑溶质之间的相互作用：假设一个溶质分子通过色谱柱时，就像没有其他溶质存在一样，即使有可能形成共沸物且在接触紧密的洗脱溶质之间存在相互作用。然而，这种假设是合理的，因为色谱柱中的溶质浓度很低，而且当溶质流经色谱柱时，溶质之间的分离程度越来越大。如果溶质之间确实存在相互作用，色谱结果将会偏离理论预测的结果；峰的形状和保留时间也会受到影响。

2.1.3 保留因子

溶质在固定相和流动相中的质量比（而非溶质的浓度比）被定义为保留因子（k）：

$$k = \frac{(W_A)_s}{(W_A)_m} \tag{2.4}$$

也可由实验中测得的调整保留时间 t'_R 和死时间 t_M 之比得出。

$$k=\frac{t'_R}{t_M} \tag{2.5}$$

保留因子越大，代表既定溶质在固定相中吸附的越多，也就是说在色谱柱上保留的时间就越长。从这个角度来讲，保留因子可以衡量溶质的保留程度。因此，它和分配常数一样都是有价值的参数，并且保留因子很容易根据色谱图计算得出。

考虑到色谱中的分配常数是固定相上溶质摩尔浓度与流动相中溶质摩尔浓度的比值，所以它必定和保留因子具有关联。我们通过相比 β 将二者联系起来，平衡常数 K_c 可以由 k 与 β 相乘得出：

$$K_c=k\times\beta \tag{2.6}$$

式中，相比 β 是流动相体积与固定相体积之比：

$$\beta=\frac{V_m}{V_s} \tag{2.7}$$

对于膜厚为 d_f 的毛细管柱，β 可以通过式（2.8）来计算：

$$\beta=\frac{(r_c-d_f)^2}{2r_cd_f} \tag{2.8}$$

其中 r_c 是毛细管柱的半径。通常来说，如果 $r_c \gg d_f$，那么 d_f 就可以忽略不计，即：

$$\beta=\frac{r_c}{2d_f} \tag{2.9}$$

对于毛细管柱，β 值一般为几百，大约是填充柱的 10 倍，填充柱的 β 值通常难以精确计算。相比是一个我们需要熟知的参数，对选择合适的色谱柱具有重要参考价值，一些常见色谱柱的相比值在表 2.1 中列出。

色谱保留因子的计算如图 2.1 所示。因为两个保留因子 t'_R 和 t_M 可以直接从色谱图中得到，所以很容易确定任何溶质的保留因子。表 2.1 中给出了 k 的相对值，便于比较表中的色谱柱类型。

表 2.1　一些常见色谱柱的相比值（β）

色谱柱	类型[①]	内径 /mm	长度 /m	膜厚[②] /μm	V_G/mL	β	H/mm	k[③]
A	PC	2.16	2	10%	2.94	12	0.549	10.375
B	PC	2.16	2	5%	2.94	26	0.500	4.789
C	SCOT	0.50	15	—	2.75	20	0.950	6.225
D	WCOT	0.10	30	0.10	0.24	249	0.063	0.500
E	WCOT	0.10	30	0.25	0.23	99	0.081	1.258
F	WCOT	0.25	30	0.25	1.47	249	0.156	0.500
G	WCOT	0.32	30	0.32	2.40	249	0.200	0.500
H	WCOT	0.32	30	0.50	2.40	159	0.228	0.783
I	WCOT	0.32	30	1.00	2.38	79	0.294	1.576
J	WCOT	0.32	30	5.00	2.26	15	0.435	8.300
K	WCOT	0.53	30	1.00	6.57	132	0.426	0.943
L	WCOT	0.53	30	5.00	6.37	26	0.683	4.789

资料来源：摘自 Ettre [1]，经作者许可后转载。

① 类型：PC—填充柱；SCOT—载体涂渍开管柱；WCOT—涂壁空心柱。

② 对于填充柱：以液体固定相的质量百分比表示。

③ 以色谱柱 G（$k=0.5$）为基准得到的相对值。

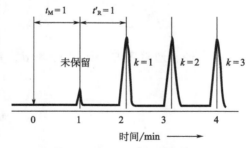

图 2.1　保留因子 k 的示意图

2.1.4　选择性

分离的选择性（α）用两个相邻峰的调整保留时间之比来衡量：

$$\alpha = \frac{t_R'(2)}{t_R'(1)} \tag{2.10}$$

数字（1）和（2）分别指前后两个相邻的色谱峰。通过将等式（2.10）与等式（2.3）和等式（2.5）结合起来，选择性也可视作两个保留因子或两个分配系数的比值：

$$\alpha = \frac{k_2}{k_1} = \frac{K_2}{K_1} \tag{2.11}$$

和在其他化学领域中的应用一样，选择性在色谱法中同样是指实际化学过程中两个体系产生的差异，更明确地说，是指两个待洗脱组分。选择性的差异源自分析物和固定相之间分子相互作用强度的差别。这种差别越大，选择性就越高。

在毛细管气相色谱中，高效色谱柱通常能使得分离所需的选择性降至很低，一般到 1.02 甚至更小。这使得很多物质能够在一些常见的非极性聚合物固定相（如聚二甲基硅氧烷）上进行分离。这些理论将在本章后半部分以及第 4 章和第 5 章中进一步探讨。

2.1.5 峰形和峰宽

我们在前面讲到，在色谱过程中，单个溶质分子的行为被假设为相互独立的。因此，它们在反复的吸附和解吸过程中产生随机的保留时间。对于某一给定溶质，其色谱峰应近似为正态或高斯分布。高斯分布峰形代表溶质分子的理想随机分布，这种高斯分布色谱峰几乎在本书的所有插图中都可见，除了那些峰形不理想的实际色谱图以外。

不对称峰通常表明在色谱过程中产生了一些我们并不希望出现的相互作用。图 2.2 就是在实际样品中常出现的几种峰形，其中像图 2.2 中（b）这样的宽峰在填充柱中更常见，通常表明传质速率太慢（详见 2.2 节）。

不对称峰又可分为拖尾峰和前伸峰。不对称的程度被定义为拖尾因子（TF），如图 2.3 所示。

$$TF = \frac{b}{a} \tag{2.12}$$

最常用的定义标准是在如图 2.3 中峰高的 10% 处测定 a 和 b 的值。然而，对于药物分析而言，《美国药典》推荐的方法是在峰高的 5% 处测定，并使用不同的方程 [式（2.13）] 来计算。要注意的是，对拖尾因子的定义有多种方法，

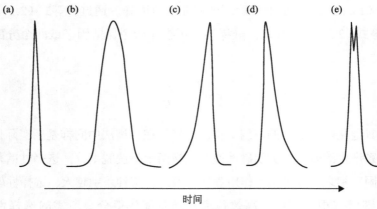

图 2.2 几种常见峰形

（a）理想；（b）展宽；（c）前伸；（d）拖尾；（e）分叉

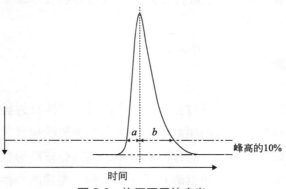

图 2.3 拖尾因子的定义

所以在采用拖尾因子来对色谱柱进行比较时要注意所选的方法。

$$T=\frac{a+b}{2a} \tag{2.13}$$

从式（2.12）和式（2.13）可以看出，拖尾峰的拖尾因子大于 1。与之相反，前伸峰的拖尾因子小于 1。虽然定义这个参数时，旨在对一个峰拖尾程度进行量化，并命名为拖尾因子，现在也将它用在对前伸峰的前伸程度量化中。

图 2.2 中（e）所示的分叉峰，表示这可能是一对未完全分离的组分，这是色谱工作者常面临的一个挑战。出现分叉峰可归因于以下几点：①操作人员进样技术存在不足；②进样量过多；③色谱柱柱效下降。因此，出现分叉峰时应

该对样品进行重复进样分析，以便进一步查找问题出现的原因。

在本章的理论讨论中，将会把理想的色谱峰假定为高斯峰。高斯峰形的典型特征为大家所熟知，图 2.4 就是一个理想的色谱峰，色谱峰的拐点出现在 0.607 倍的峰高处，过拐点的切线构成了一个三角形，其底边宽度（W_b）为 4 倍标准偏差（4σ）半峰宽（峰高一半处的宽度）为 2.354σ，拐点处（峰高的 60.7%）峰宽为 2σ。这些特征数值可用于定义一些参数，如塔板数。关于不对称峰的内容将在第 15 章中进一步讨论。

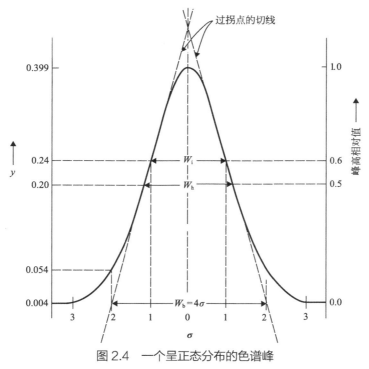

图 2.4　一个呈正态分布的色谱峰

拐点出现在 0.607 倍的峰高处，此处峰宽 $W_i = 2\sigma$，半峰宽 W_h（峰高一半处的宽度）为 2.354σ，峰底宽 W_b 为 4σ
资料来源：Miller[2, p.52]，由 John Wiley& Sons, Inc 授权转载

2.1.6　塔板数和峰宽

为了评价色谱柱的柱效，我们需要对色谱峰的峰宽进行测定。但是，如我们在前面讲到的，峰宽会随着保留时间的增加而增加（即峰展宽）。图 2.5 形象

地展示了这种由色谱过程所导致的自然展宽现象。

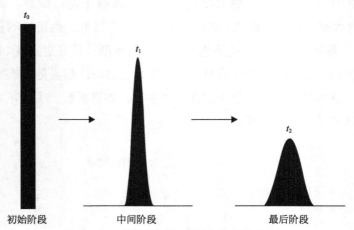

初始阶段　　　　　　　中间阶段　　　　　　　最后阶段

图 2.5　随保留时间延长造成的峰展宽

衡量色谱系统效率的最常用的参数是塔板数 N：

$$N=\left(\frac{t_{R}}{S}\right)^{2}=16\left(\frac{t_{R}}{W_{b}}\right)^{2}=5.54\left(\frac{t_{R}}{W_{1/2}}\right)^{2} \tag{2.14}$$

图 2.6 显示了进行此计算所需测定的值。因为 σ 的值可以用不同峰高处的峰宽来描述，因此会产生不同的项。例如，峰底宽 W_{b} 为 4σ，因此系数为 42 或 16；半峰高时的峰宽 W_{h} 为 2.354σ，系数为 5.54（见图 2.4）。

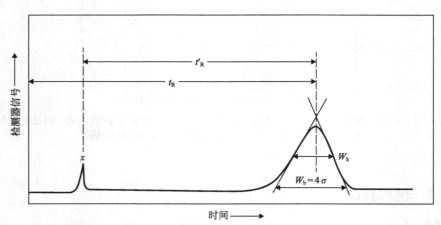

图 2.6　塔板数 N 的定义图（x 处的峰代表在色谱柱中不保留的组分，如空气或甲烷）

资料来源：Miller [2, p.53]，由 John Wiley&Sons，Inc 转载

式中分子和分母的单位必须保持一致，所以塔板数 N 是无单位的（无量纲），以前保留时间和峰宽都是通过测量打印出的色谱图上的距离来得出的，现在这些数值一般可从仪器数据处理系统中直接获得，当然还是应该知道数据处理系统是如何测定峰宽的。分子和分母可以以体积或者时间为单位。无论取什么单位，我们都可以认为 N 的值越大，色谱柱的柱效就越高。

对于包含多个峰的色谱图，单个峰的 N 值可能会随保留时间的延长而略有增加，这取决于测定的准确性。然而，通常的做法是仅根据一个峰的测量值来评价色谱柱柱效，尽管通过测量多个峰再取平均值会更好一些。

2.1.7　塔板高度

与塔板数相关的另一个表示柱效的参数是塔板高度 H，其定义式如下：

$$H=\frac{L}{N} \tag{2.15}$$

式中，L 是柱长。在对不同长度色谱柱的柱效进行比较时，H 作为一个以长度为单位的参数往往是比塔板数 N 更好的选择。H 也被称为理论塔板高度（height equivalent to one theoretical plate，HETP），这是从蒸馏法中引申出来的一个术语。在柱长一定时，塔板高度越小，塔板数就越多，相应色谱柱的柱效则越高。关于塔板高度我们会在后文进一步讨论。

2.1.8　分辨率

除了塔板数和塔板高度外，分辨率 R_S 也可以用来衡量色谱柱的柱效。与其他分析技术一样，色谱法中分辨率用来表示相邻峰分离的程度，R_S 被定义为：

$$R_S=\frac{[(t_R)_B-(t_R)_A]}{(1/2)[(W_b)_A+(W_b)_B]}=\frac{2d}{[(W_b)_A+(W_b)_B]} \tag{2.16}$$

式中，d 是 A 和 B 两个溶质的色谱峰顶点之间的距离。

图 2.7 展示的是分辨率的计算方法，绘制拐点的切线来确定峰底部的宽度。通常来说等面积的相邻峰具有相同的峰宽，所以 $(W_b)_A$ 与 $(W_b)_B$ 近似相等，那

么式（2.16）可被简化为：

$$R_S = \frac{d}{W_b} \tag{2.17}$$

在图 2.7 中，相邻两峰的切线恰好在底端相交，所以 $d = W_b$，$R_S = 1.0$。分辨率值越大，说明两个峰的分离效果越好。若两个峰要达到完全的基线分离，则要求其分辨率值为 1.5 以上。

严格来说，式（2.16）和式（2.17）只有当两个色谱峰的峰高相同时才成立，如图 2.7 所示。当两个色谱峰的峰高比例不为 1 时，则可参考 Snyder[3] 论文中提出的方法来进行计算。

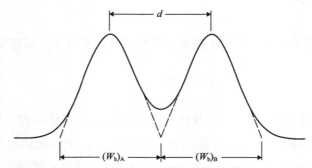

图 2.7　用于解释分辨率 R_s 定义的两个分离较好的色谱峰

资料来源：Miller[2, p.58]，由 John Wiley&Sons, Inc 授权转载

表 2.2 列出了部分色谱法中重要的定义式和公式，附录 1 中有完整的符号和首字母缩略词的清单。保留体积将会在第 14 章中进行更详细的讨论。

表 2.2　部分色谱法重要公式和定义式

序号	公式
1	$(K_c)_A = \dfrac{[A]_s}{[A]_M}$
2	$K_c = k\beta$
3	$\beta = \dfrac{V_M}{V_S}$
4	$\alpha = \dfrac{K_B}{K_A} = \dfrac{(V'_R)_B}{(V'_R)_A} = \dfrac{t'_{RB}}{t'_{RA}}$

序号	公式
5	$V_R = V_M + K_c V_S$
6	$V_N = K_c V_S$
7	$k = \dfrac{(W_A)_S}{(W_A)_M} = \dfrac{t'_R}{t_M} = \left(\dfrac{t_R}{t_M}\right) - 1 = \dfrac{V'_R}{V_M} = \left(\dfrac{V_R}{V_M}\right) - 1 = \dfrac{1-R}{R} = \left(\dfrac{1}{R}\right) - 1$
8	$R = \dfrac{V_M}{V_R} = \dfrac{\mu}{\bar{u}}$ $= \dfrac{V_M}{V_M + K_c V_S} = \dfrac{1}{1+k}$
9	$t_R = t_M(1+k)$ 和 $V_R = V_M(1+k) = \dfrac{L}{\mu}(1+k) = n(1+k)\dfrac{H}{\mu}$
10	$(1-R) = \dfrac{k}{k+1}$
11	$R(1-R) = \dfrac{k}{(k+1)^2}$
12	$N = 16\left(\dfrac{t_R}{W_b}\right)^2 = \left(\dfrac{t_R}{\sigma}\right)^2 = 5.54\left(\dfrac{t_R}{W_b}\right)^2$
13	$H = \dfrac{L}{N}$
14	$R_S = \dfrac{2d}{(W_b)_A + (W_b)_B}$

2.2 速率理论

最早尝试解释色谱峰展宽是基于被大家熟知的塔板理论的平衡模型。尽管它具有一定的理论价值，但这个模型并没有解决实际情况下色谱柱中存在的非平衡情况，也没有解释展宽的原因。然而，另一种描述峰展宽动力学因子的方法很快被提出，这就是著名的速率理论。

2.2.1 最初的 van Deemter 方程：填充柱

van Deemter 等[4]最先提出了色谱过程动力学理论。他们在文中提出了三个影响填充柱中色谱展宽的因素：涡流扩散项（A）、分子扩散项（B）和传质阻力项（C）。峰展宽程度用塔板高度 H 表示，在 van Deemter 方程中，H 可以表示为平均线速度 μ 的函数，简写作：

$$H=A+\frac{B}{\mu}+C\mu \tag{2.18}$$

由于塔板高度与塔板数成反比，理想条件下一个较小的塔板高度值代表尖锐的峰形。因此，三个系数 A、B 和 C 都应尽可能小以最大限度地提高柱效。

2.2.2　Golay 方程：毛细管柱

由于开口管柱或毛细管柱没有填料，它们的速率方程没有 A 项。Golay[5] 指出了这一问题，并提出了一个新项使速率方程适用于开口管色谱柱中气相扩散过程。他在公式中设立了两个 C 项：一个是用于固定相中传质的 C_S（类似于 van Deemter 方程），另一个是用于流动相中传质的 C_M，即：

$$H=\frac{B}{\mu}+(C_S+C_M)\mu \tag{2.19}$$

式（2.19）中的 B 项代表了分子扩散，控制分子扩散的方程是：

$$B=2D_G \tag{2.20}$$

其中，D_G 是载气中溶质的扩散系数。图 2.8 展示了一个溶质分子如何随时间从高浓度区域扩散到低浓度区域。

从公式可以看出，扩散系数的值如果较小的话，分子扩散程度就低，即会让 B 项以及 H 都减小。一般来说，氮气或氩气等分子量较高的载气扩散系数会比较小。在 Golay 方程 [式（2.19）] 中，B 项除以线速度意味着较大的流速或流量会使 B 项对整体峰展宽的贡献最小。也就是说，高流速将减少溶质在色谱柱中停留的时间，这样分子扩散的时间也就会减少。

Golay 方程中的 C 项与溶质在固定相或流动相中的传质阻力有关。理想状态下，溶质的快速吸附和解吸将使溶质分子紧密地结合在一起，从而使峰展宽程度最小。

固定相中的传质可以参照图 2.9，图中所示向上凸起的峰代表溶质在流动

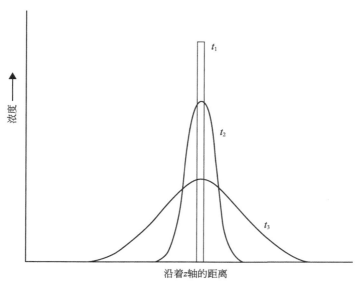

图 2.8　由于分子扩散造成的峰展宽

（图中所示的时间顺序：$t_3 > t_2 > t_1$）

资料来源：Miller [2, p.77]，由 John Wiley&Sons, Inc 授权转载

相中的分布，下凹的峰代表溶质在固定相中的分布。该示例中分配常数为2，即固定相峰面积是流动相峰面积的两倍。在平衡状态下，溶质达到如图 2.9（a）所示的相对分布，但很快地，载气推动上半部分曲线前移，形成如图 2.9（b）所示的情况。也就是说，固定相中的溶质分子保持不动，而流动相中的溶质继续随时间向前移动，使得整个溶质分子存在的区域被拓宽。

如图 2.9 中箭头所示，流动相中前移的溶质分子会重新分配进入固定相，类似地，处于固定相的溶质分子也会重新分配进入流动相。传质速度越快，形成的展宽就越小。

Golay 方程中的 C_S 项表示为：

$$C_S = \frac{2kd_f}{3(1+k)^2 D_S}\qquad(2.21)$$

式中，d_f 是固定液的平均膜厚度；D_S 是固定相中溶质扩散系数。

为了减小固定相传质阻力的影响，膜厚度应尽可能小，同时扩散系数应尽可能大。通过薄膜快速扩散使溶质分子保持更紧密的结合。减小膜厚可以通过在毛细管壁上涂覆少量固定液来实现，但扩散系数通常难以控制，除非选用低

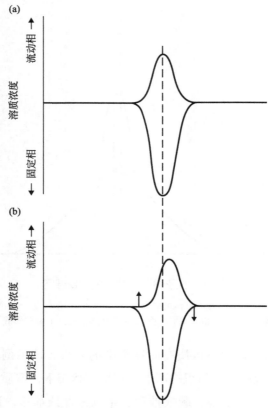

图 2.9　由于传质阻力造成的峰展宽（$K_c = 2.0$）

资料来源：Miller [2, p.78]，由 John Wiley&Sons, Inc 授权转载

黏度的固定液。

　　当溶质分子在出入固定液的传质速率足够快时，固定相传质阻力 C_S 就会达到最小。就像一个人跳进再跃出一个游泳池，如果池子里的水很浅的话，这一进出过程势必很快；如果水很深，进出过程就会变慢。如果池子里装的不是水而是糖浆，那么进出过程也会显著地变慢。

　　如果固定相是固体，则需要对 C_S 项做出修改使其与对应的吸附 - 解吸动力学过程匹配。同样地，动力学过程越快，整个进程越接近平衡，色谱峰展宽越小。

　　C_S 项的另一组成部分是 $k/(1+k)^2$ 的比值。溶质在固定相中溶解度越高，k 值越大，整体比值就会减小。但当 k 值超过 20 后，k 值再增加会使该比值的下降幅度变得很小。这是因为过高的保留因子会导致分析时间很长，对色谱分析而言是得不偿失的。

流动相中的传质过程参见图 2.10，图中展示了溶质分子以无涡流形式通过色谱柱时溶质区的轮廓。在载气中不充分的混合（动力学过程缓慢）会导致峰展宽，因为溶质分子在色谱柱中间的移动速度比靠边缘的要快。

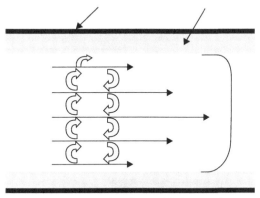

图 2.10　流动相中传质模式的图例

轴向传质，如图 2.10 中的短箭头所示，会使得峰展宽减小。而小直径色谱柱因为其相对较短的传质距离，峰展宽同样也会很小。Golay 方程 C_M 项由下式得出：

$$C_M = \frac{(1+6k+11k^2)r_c^2}{24(1+k)^2 D_G} \tag{2.22}$$

式中，r_c 是色谱柱半径。

速率方程中两个传质阻力的权重取决于膜厚度和柱半径。Ettre[6] 选取典型的 0.32mm 内径的色谱柱来对溶质分子进行计算。表 2.3 列出了他的计算结果，从表中可以看到，在薄膜（0.25μm）色谱柱中，传质阻力 C 中 95% 归因于流动相的传质阻力，即 C_M，而在厚膜（5.0μm）色谱柱中，C_M 对传质阻力 C 的贡献仅为 31.5%。Ettre 对其他不同直径色谱柱也做了计算，在直径较小的色谱柱中（如 0.25mm），C_M 项所占比重较小，而对于直径较大的色谱柱（如 0.53mm），C_M 项的比重可增长三倍，达到 50% 左右。

总的来说，对于薄膜（<0.2μm）色谱柱，总的传质阻力主要由流动相的传质阻力控制；对于膜较厚（2 ～ 5.0μm）的色谱柱，由固定相的传质阻力控制；

对于膜厚度适中（0.2 ～ 2.0μm）的色谱柱，上述的两个因素都需要考虑。对于较大口径的毛细管色谱柱（见第4章），流动相中传质的重要性要大得多。

最后要注意，在公式（2.19）中线速度越小，它和 C 的乘积也就越小。但是速度较慢又会使溶质分子在固定液中扩散以及在通过色谱柱过程中在流动相中扩散。

表2.3　不同传质阻力的占比[①]

色谱柱	d_f/μm	β	k	比重/%		C 项总值（相对值）
				C_M	C_S	
A	0.25	320	0.56	95.2	4.8	11
B	0.50	160	1.12	87.2	12.8	18
C	1.00	80	2.24	73.4	26.6	30
D	5.00	16	11.20	31.5	68.5	102

资料来源：取自 Ettre [6]，经作者许可转载。
① 内径 0.32mm SE-30 色谱柱上正十一烷的计算数据。

2.2.3　其他速率方程

对初始的 van Deemter 方程，也有人提出了修改意见。例如可以将涡流扩散项（A）视作流动相传质阻力项（C_M 项）的一部分，或者是与之耦合。Giddings [7] 深入探讨了传质过程，并且倾向于用一个结合了涡流扩散与传质阻力的耦合项来形成一个新的方程。

另外，还有人给出了同时适用于气相色谱和液相色谱的速率方程[8]。Hawkes[9] 发表了一篇文章，探讨了这个有趣的工作，并总结出了一个形式上与 Golay 速率方程相同的公式，但没有那么具体。更多详细内容请查阅文后参考文献。

2.2.4　van Deemter 曲线

以塔板高度（H）和线速度（$\bar{\mu}$）为坐标轴绘制速率方程图时，就可以得到图 2.11 所示的呈非对称双曲线形状的 van Deemter 曲线，正如方程所示，如果某一项要乘以速率而另外一项要除以速率，曲线上会出现一个最低点，这个点对应的速率就是能提供最高柱效和最小板高的最佳速率。

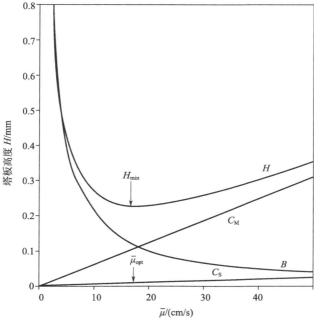

图 2.11 典型 van Deemter 曲线

资料来源: Lee 等[10]，经作者许可后由 John Wiley&Sons, Inc 转载

　　在 van Deemter 曲线最低点对应的速率（最佳速率）下，色谱峰产生的峰展宽最小，色谱分析理应在最佳速率条件下进行。但是，如果能够让速率增加且对色谱分离的影响不大，则分析时间将可以缩短。因此，色谱学家一直致力于对 van Deemter 方程进行调控，以期能够在最短的分析时间内得到最佳的分离效果。通过考察单独每项对图 2.11 中整体的影响力，可以发现随着速率增加，曲线斜率的上升很大程度来源于传质阻力 C 的增长。因此，后文会有一部分着重讲如何使其最小化。

　　尽管速率理论只是一个理论概念，但它在实际工作中还是发挥了很大作用。比如通过某一色谱柱的 van Deemter 曲线来评价柱效和确定其使用条件：选择一种溶质在等温条件下以不同流速运行，在速率变化后预留足够的时间进行压力平衡。通过公式（2.14）从不同流速的色谱图中计算塔板数，再用公式（2.15）计算塔板高度。绘制塔板高度值与载气平均流速的关系曲线。记录最低速率和随速率上升时曲线的斜率。然后通过比较不同色谱柱的数据选取最优。

很少直接将 van Deemter 方程用于计算塔板高度 H。

2.2.5　Golay 方程的总结

基于上面的讨论，我们将适用于毛细管柱的 Golay 方程总结如下：

$$H = \frac{2D_G}{\mu} + \frac{2kd_f^2\mu}{3(1+k)^2D_S} + \frac{(1+6k+11k^2)r_c^2\mu}{24(1+k)^2D_G} \tag{2.23}$$

2.2.6　实际意义

如前面所讨论的一样，色谱学者一直致力于寻求能同时降低塔板高度和减少分析时间的方法，通过比较不同载气类型对毛细管柱速率方程的影响，我们可以选择优化柱效（塔板数）还是优化分析时间。对于给定的色谱柱而言，溶质扩散系数最小（B 项），因此，载气的分子量越大塔板数就越多。例如，氮气的分子量较高，可获得到较小的塔板高度，但是这也会使分析时间增加。

如果想要优化的是分析时间，则选择分子量较低的载气会更好，例如氦气或氢气。参考图 2.12，以氮气为载气时，最小塔板高度出现在线速度为 12cm/s 的地方。而选择氦气和氢气，最小值分别出现在 20cm/s 和 40cm/s 左右。假设三种载气都以最小塔板高度时的线速度运行，使用氮气的塔板数会多出 15%，但是分析时间比使用氢气要高 3.3 倍。

最后考察图 2.12 中曲线超过最小值之后的斜率。可以看出，分子量最小的氢气具有最小的斜率。这意味着随着氢气流速的增加，柱效的轻微损失可以通过分析速度的大幅度提升来补偿。如果可以选择色谱柱的长度来优化某给定的分离，分子量小的载气每秒将获得最大的塔板数，同时可以获得最快的分析时间。需要注意的是，这种情况仅适用于恒温分析过程，对于程序升温分析过程，温度变化会带来一定的影响，但并不显著。

如我们所见，在载气速率较高时，传质阻力（C 项）的影响占主导地位，可以通过优化 C 项来实现柱优化。那么需要调控什么因素来达到优化传质阻力项的目的呢？首要的就是膜厚度要小，尽管商用色谱柱的膜厚大多为 0.25μm，但也有膜厚为 0.1μm 的色谱柱可提供。虽然薄膜具有很高的柱效，而且有利于高沸点化合物的分析，但需要说明的是，薄膜柱的样品容量非常小，进样量不宜过高。

小内径的色谱柱（C_M 项中的 r_c 小）有利于提高柱效，特别在其涂覆了薄膜的情况下。目前商用色谱柱的最小内径可以达到 0.10mm。同样地，色谱柱内径小时样品容量也较低，只能用于小进样量分析。此外，我们已经知道氢气是进行快速、高效分析的首选载气，但是，在使用时必须特别注意氢气的安全使用问题。

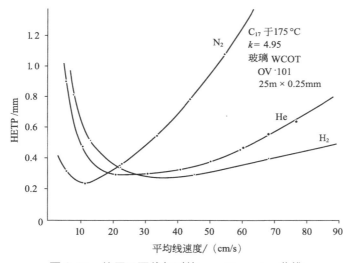

图 2.12　使用不同载气时的 van Deemter 曲线

色谱柱：内径 0.25mm 涂壁空心柱，膜厚度 0.4μm

资料来源：转载自 Freeman [11]，版权 @：安捷伦科技（1981），经许可后转载

2.3　分离过程的实现

从前面的内容我们已经了解到当分析物通过色谱柱时，它们是如何扩散或展宽的。虽然色谱峰的展宽对不同组分的分离会带来一些不利影响，但不会妨碍我们通过色谱条件的合理优化最终实现各组分的分离。

回顾本章前面介绍到的简化的分辨率公式：

$$R_S = \frac{d}{W_b} \tag{2.24}$$

尽管峰宽 W_b 与柱长度 L 的平方根成正比，但是两峰间距 d 与 L 成正比，即：

$$R_S \propto \frac{L}{L^{1/2}} = L^{1/2} \tag{2.25}$$

分辨率与柱长度的平方根成正比。

图 2.13 中是两峰间距 d 和峰底宽 W_b 与柱长 L 的关系图，在 L 的某个值处（用虚线表示），柱长增加，d 开始比 W_b 大，也就是意味着相邻的峰实现了分离。

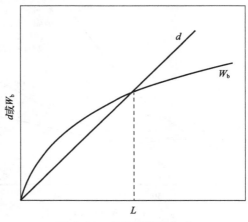

图 2.13　分离过程的完成

资料来源：改编自 Giddings [7, p.33]，由 Marcel Dekker, Inc 提供。
源自 Miller [2, p.112]，由 John Wiley& Sons, Inc 授权转载

由此可以得出结论：只要两种溶质的分配系数有一些差异，采用色谱来分离这两种溶质的方法就是有效的，即在色谱柱足够长的条件下它们一定可以分离。这也就是说，色谱法即使在有峰展宽的情况下依然是一种有效的分离方法。当然，在实际应用中，很少有人把增加柱长作为实现色谱分离的唯一方法。

参考文献

[1] Ettrc, L. S. (1984). *Chromatographia* 18: 477-488.

[2] Miller, J. M. (2005). *Chromatography*: *Concepts and Contrasts*, 2e. Hoboken, NJ: John Wiley & Sons.

[3] Snyder, L. R. (1972). *J. Chromatogr. Sci.* 10: 200.

[4] van Deemter, J. J., Zuiderweg, F. J., and Klinkenberg, A. (1956). *Chem. Eng. Sci.* 5: 271.

[5] Golay, M. J. E. (1958). *Gas Chromatography* (ed. D. H. Desty). London: Butterworths.

[6] Ettre, L. S. (1983). *Chromatographia* 17: 553-559.

[7] Giddings, J. C. (1965). *Dynamics of Chromatography*, vol. Part 1. New York: Marcel Dekker.

[8] Knox, J. H. (1966). *Anal. Chem.* 38: 253.

[9] Hawkes, S. J. (1983). *J. Chem. Educ.* 60: 393-398.

[10] Lee, M. L., Yang, F. J., and Bartle, K. D. (1984). *Open-Tubular Column Gas Chromatography*. New York: John Wiley & Sons.

[11] Freeman, R. R. (ed.) (1981). *High Resolution Gas Chromatography*, 2e. Wilmington. DE: Hewlett-Packard Co.

第**3**章

仪器概述

自从 1954 年首台商业化仪器问世以来，气相色谱一直在不断发展。本章将对典型的现代气相色谱仪器系统的各个基本组成部分进行介绍。

图 3.1 是一台气相色谱仪的示意图。我们将要介绍的部分包括：①载气系统；②流量控制系统；③进样口和进样装置；④色谱柱；⑤温度控制区（柱温箱）；⑥检测器；⑦数据处理系统。

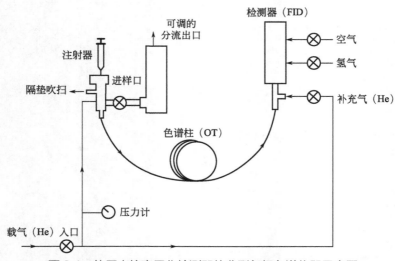

图 3.1　使用火焰离子化检测器的典型气相色谱仪器示意图

注：检测器还需要氢气和空气

总的来说，气相色谱仪（GC）主要工作流程如下：惰性载气（如氦气）从气瓶中持续流出并依次通过进样口、色谱柱和检测器。

载气的流速需要精确控制以确保目标物的保留时间可以重现，并最大限度地减少检测器漂移和噪声。样品用微量进样针注入进样口后，在进样口汽化并随载气流入色谱柱。色谱柱通常是 15 ～ 30m 长的毛细管柱，内壁为涂覆高沸点液体（即为固定相）的薄膜（一般为 0.2 ～ 1μm）。样品在固定相和流动相之间进行分配，根据其在固定相中的相对溶解度和相对蒸气压的不同分离成单个组分。

样品中各个组分依次流过色谱柱之后，在载气的携带下先后进入检测器，检测器可以对各组分进行定量检测，并产生相应的电信号。信号到达数据处理系统，生成色谱图（分析结果的记录）。一般情况下，仪器的数据处理系统会对各色谱峰面积进行自动积分并计算，生成包含定量结果和保留时间的报告。我们将在后面章节中详细讨论气相色谱仪的七个组成部分。

3.1　载气系统

载气的主要作用是携带样品通过色谱柱，即起到流动相的作用，载气必须是惰性气体，不与样品发生化学反应。

载气的第二个作用是为检测器测定样品组分提供适当的空白背景。氦气是毛细管柱气相色谱中最常用的载气，能够与所有常见检测器兼容。氢气一般在部分国家和地区（这些地方氦气价格昂贵）使用率高，与氦气相比，氢气可以提供更加快速和高效的分离，但是由于其使用过程中容易产生火灾和爆炸，通常情况下不建议使用。

3.1.1　纯度

保证载气的高纯度是很重要的，因为诸如氧气和水蒸气等杂质会对固定相产生化学腐蚀并最终损坏色谱柱，聚酯、聚乙二醇和聚酰胺固定相对上述杂质尤其敏感。微量的水蒸气还会解吸其他柱内污染物，产生很高的检测器背景值甚至"鬼峰"。载气中的痕量碳氢化合物会导致大多数离子化检测器产生高背景，使得检出限受影响。

购买超高纯度气瓶是获得研究级载气的一种方法。然而，由于成本较高，许多实验室不具备这样的条件。气体发生器在经济成本上看是可行的，尤其是用于火焰离子化检测器的氢气和空气发生器，不过这也需要一些前期投资，同时还需要进行日常维护。

更为常见的做法是购买高纯气体并进行净化。在气瓶和仪器之间安装一个 5Å（$1Å = 10^{-10}m$）分子筛过滤器，可以很方便地吸附除去水蒸气和微量的碳氢化合物。商品化的干燥管可以在市场上购买到，或者将 GC 级 5Å 分子筛填充到一根长 6ft（$1ft = 304.8mm$）、直径 1/4in（$1in = 2.54cm$）的柱子中来自行制备。不管是自制还是商用干燥管，在用完两瓶载气后，都要采用如下方法将分子筛进行活化再生：在通入缓慢流速的干燥氮气的条件下，将分子筛加热至 300℃，保持 3h。如果是自制的干燥管，可以仿照色谱柱的盘绕方式，将 6ft 的柱子盘好后置入柱温箱中，进行活化再生。

氧气相对来说更难去除，需要一种特殊的吸附剂。大多数气相色谱厂家都可以提供专门用于去除氧气和水的装置。

3.2 流量控制和测量

载气流量的测量和控制对于色谱柱柱效提高和定性分析都是必不可少的。当载气的线速度最适宜时，色谱柱的柱效可以达到最高，而最佳线速度就是理论塔板数达到最大时的速度。一般来说，内径为 0.25mm 的开口管色谱柱的最佳流速是 0.75mL/min。但是这只是一个理论值，实际上对于给定的色谱柱，最佳流速值应通过实验来测定。

对于定性分析，恒定和可重复的柱内载气流速是极其关键的，这样才能保证溶质的保留时间可以重现，而比较保留时间是在化合物鉴定中最快、最简单的方法。在色谱条件一定时，可能会有两种或两种以上的化合物具有相同的保留时间，但是没有任何化合物会有两个不同的保留时间，因此，保留时间可以视为某个组分的特征，尽管并不是唯一的特征。显然，高精度的流量控制对于这种定性方法来说至关重要。

3.2.1　控制器

流量控制系统的第一个控制器都是连接在载气钢瓶上的两级调节器，它能将钢瓶中高达 2500psig[1] 的高压气体降至 20 ～ 100psig 的正常使用水平。该部件包含一个安全阀和一个防止颗粒物进入调节器的过滤网。还有防止空气渗入该系统的不锈钢隔板。调节器上第一个压力表指示气瓶内剩余气体的压力，通过转动二级阀门向 GC 仪器输送气体，输送气体压力会在第二个压力表上显示。二级调节器至少要保证压力在 20psi 以上才能正常工作，且工作压力应至少比 GC 进样口最大压力高 20psi。

在等温条件下，假设色谱柱压力降不变，在恒定的气压下载气流速也是恒定的。对于相对简单和廉价的气相色谱仪器来说，流量控制器的第二个部件可能只需要简单的针阀就可以了，但是对于研究型气相色谱来说是远远不够的。

在程序升温分析过程中，当进样口压力恒定时，载气流量会随着柱温的升高而降低。假定某 GC 系统进样口压力为 24psi，载气（氦气）流速为 1.5mL/min，初始温度为 50℃，升温至 200℃时流速会降至约 0.8mL/min。这种下降是由于较高温度下载气黏度增加所致。为了确保载气流速在柱温变化时保持恒定，所有的程序升温 GC 仪器，甚至是配置更好的仪器，均采用差速流量控制器来精准调控气体流量。

现代研究型毛细管柱气相色谱仪器通常采用固态电控元件来控制柱压和流速，可以设定仪器在恒压或恒流模式下运行。在恒压模式下，整个程序升温分析过程中仪器进样口压力始终保持恒定，这种模式下允许流速随温度上升而降低。恒压模式常用在一些特定情况下，如需要与配置手动气动装置的老式 GC 仪器进行测试数据比对时，就会用到这种传统的操作模式。在恒流模式下，进样口压力随着柱温上升而升高，以此来抵消因载气黏度升高而引起的载气流速下降，维持色谱柱中载气流速的恒定。在这两种模式下，都可以通过开启或关闭进样口分流器的电磁阀来控制柱内载气流速。

电子传感器用于检测流速（降低）并增加柱压，通过电子压力控制元件

---

[1] psi 表示 lb/in²（1lb = 0.453592kg），psig 是一个替代缩写，强调压力是在压力计上读取的数值（高于大气压力）。压力的国际标准单位为帕斯卡（Pa），换算公式为：1bar = 100kPa；1atm = 101.3kPa；1Torr = 133Pa；1psi = 6.9kPa。

（electronic pressure control，EPC）保证恒定流速。

3.2.2　流量测定

　　虽然配置了电子压力计和流量控制器的系统可以进行流量测定，但是能够独立测量流量的装置还是有必要配置的。最常用的两种装置是皂膜流量计和数字型电子流量计，如图 3.2 所示，经典的皂膜流量计只是一根有载气流过的校准管（通常由移液管或滴定管改造而成）。通过挤压橡胶球，肥皂液可被送入载气流路，校准管先经少许肥皂泡润湿，然后用秒表精确记录一个气泡通过指定体积所需的时间。用体积除以时间即可算出载气流速。一些电子皂膜流量计也是基于同样的原理，只是检测是通过光电传感器来完成的，成本在 50 美元左右。全数字型电子流量计通常设计为手持式，由电池供电，可针对特定的载气进行校准，成本为几百美元。

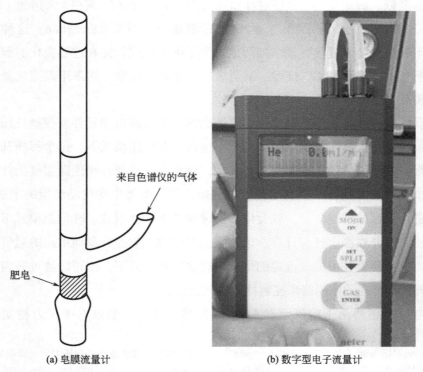

来自色谱仪的气体

肥皂

(a) 皂膜流量计　　　　　　　　　　(b) 数字型电子流量计

图 3.2　流量计

另一种更精密的电子测定装置使用固态传感器和微型处理器，无须使用皂膜，即可对一系列气体的流量进行精确测量。如硅陶瓷传感器可用于准确测定流量范围在 $0.1 \sim 500\text{mL/min}$ 的空气、氧气、氮气、氦气、氢气和含 5% 氩气的甲烷。这种设备的成本大约为 700 美元，外观如图 3.2（b）所示。

上面介绍的几种流量计无法对非常小的流量（如开口管柱）进行精确测量，开口管柱中载气的平均线速度可以根据式（3.1）进行计算：

$$\bar{\mu} = \frac{L}{t_\text{M}} \qquad\qquad (3.1)$$

式中，L 是柱长；t_M 是不保留组分（如空气和甲烷）的保留时间，s。

火焰离子化检测器无法检测空气，因此通常使用甲烷来进行测定，但对色谱柱条件必须进行合理选择（如足够高的柱温），以使甲烷不被保留。将线速度（cm/s）乘柱横截面积 πr_c^2，得到流量 $\bar{F}_\text{c}$（mL/min），如式（3.2）所示：

$$\bar{F}_\text{c} = \frac{\pi r_\text{c}^2 L}{t_\text{M}} \qquad\qquad (3.2)$$

3.3　进样口和进样装置

进样系统和进样口要能够适用于包括气体、液体和固体形态在内的各种样品，并且能快速定量地将样品导入载气气流中，输送到色谱柱。通常来说，样品大多是液态形式，可用微量进样针将样品注入进样口。对于毛细管柱，最常见的进样方式是分流、不分流和柱上进样。第 7 章将详细介绍进样口及其操作方式。

理想情况下，样品应该瞬间由进样口进入色谱柱，但实际上这是无法达到的，更现实的目标是将样品以一种尖锐的对称带形式切入到气相色谱柱中。从下面给出的苯样品蒸发的例子，就可看出要将样品瞬间注入色谱柱是很困难的：当 1.0μL 苯样品被注入加热的进样口时，会快速蒸发为 600μL 的苯蒸气。在载气流量为 1mL/min 时，需要 36s 才能将样品传送到毛细管柱色谱柱入口。如此缓慢的过程会产生一个初始的峰展宽，而且会使柱效变得极低（N 值减小）。显然，进样过程是整个色谱分析流程中十分重要的一环，而且样品量的大小会对进样过程有直接影响。

进样量不存在一个固定的最优值，但是有一些通用的指导方针。表 3.1 列出了三种色谱柱的典型进样量。为了获得最佳的峰形和最高的分辨率，应选择尽可能少的进样量。

表 3.1 不同类型色谱柱的进样量

色谱柱类型	进样量（液体样品）
常规分析型填充柱：外径 1/4in，10% 固定液	0.2 ～ 20μL
高效填充柱：外径 1/8in，3% 固定液	0.01 ～ 2μL
毛细管柱（开口管）：内径 250μm，膜厚 0.2μm	0.01 ～ 3μL

样品中存在的组分越多，所需的进样量就越大。在大部分情况下，其他组分的存在不会影响待测组分的保留时间和峰形。对于痕量分析或者制备色谱，通常推荐使用大进样量，即使这样会使色谱柱"过载"，并导致主峰严重变形，但是待测组分的色谱峰（痕量）会更大，这样才有可能达到我们预期的效果。

3.3.1 气体样品进样

气体样品进样方法要求样品中所有组分在仪器运行条件下保持气态。如果是气液混合物的话会带来一些特殊问题，所以我们应尽可能加热混合物，使所有组分都转化为气态；抑或是加压使全部组分都转化为液态。然而，这一方法并不总是可行的。

气密性进样针和气体进样阀是气体样品进样最常用的两种装置。相比之下，进样针更灵活、更廉价，因此最为常用。而气体进样阀通常用于填充柱，重复性更好，专业技术要求不高，而且更容易实现自动化。有关气体进样阀的详细信息可以参阅第 13 章。

3.3.2 液体样品进样

由于液体蒸发时体积膨胀会很大，所以需要的进样量很小，通常微升级别即可。进样针是液体进样的最常用装置，一般来说液体进样量为 1μL、5μL 或者 10μL。液体样品在进样口被加热，并在进入柱之前快速汽化（如在所有类型的蒸发进样器中），在上述情况下必须小心避免过热导致样品组分的热分解。

3.3.3　固体样品进样

固体样品处理的最佳方法是将其溶解在适当的溶剂中，然后按照液体样品进样方法，使用注射器进样。

3.3.4　进样针

图 3.3 是一支 10μL 的液体进样针（微量进样器），一般用于 1 ~ 5μL 液体进样。不锈钢推杆和硼硅玻璃制成的针筒紧密贴合，不锈钢针头用环氧树脂固定在针筒前端。还有一些其他型号的进样针，它们的针头是可拆卸的，使用前将针头拧紧在针筒的末端。如需进更小体积的样品，则可以选择 1μL 的进样针。这种进样针针头内有一根很细的金属丝，一直延伸到针尖，所以进样时不会有死体积。金属丝不能从针筒中抽出，所以从外部观察无法看到进样针内的液体。气密型进样针最大可用于体积为 5mL 左右的气体样品的进样。在选择进样针时，通常建议进样针的容量至少应大于进样体积的两倍。

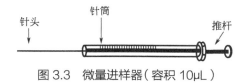

图 3.3　微量进样器（容积 10μL）

3.3.5　自动进样器

通常来说，气相色谱仪都在其顶部配置了自动进样器。自动进样器可以保证进样快速、重现性好。在使用溶剂洗涤后，进样针从密封的小瓶中重复吸取几次待测样品，然后将预设体积的样品注入进样口。自动进样器一般会配置一个托盘，用于存放多个样品瓶、标准液瓶和清洗溶剂瓶，这些小瓶都放在托盘上指定的位置。自动进样器的各部件均可以在无人值守的情况下运行，也就是说在进行大量样品检测时可以昼夜不停运行。自动进样器比手动进样的精度更高，相对标准偏差（RSD）可低至 0.2%。

3.3.6　进样针的使用

即使是用自动进样器进样，进样针依然是进样流程中的核心部件。在使用时要注意以下事项：整个进样流程应尽可能迅速，设置自动进样器到进样口的时间应该尽可能短。

此外在使用进样针吸取样品时还需注意，绝大多数自动进样器是可以设置程序进样的。在用微升级别进样针取液体样品时，最好先排除针筒内的空气。通过反复多次将液体吸入进样针，再迅速将其排回原样品中的方式来排除空气。黏性液体必须缓慢地吸入进样针，在排出时也要避免快速排出而导致进样针损坏。如果样品太黏稠，可以用适当的溶剂稀释样品。自动进样器可以通过编程实现对样品和溶剂的多次泵入/泵出，以完全排除进样针里的空气。

如果是手动进样，吸入进样针的样品量要高于实际进样量。垂直握住进样针，针头向上，这时进样针里的空气会流到针筒顶端。将推杆推至预先计划的取样量的数值，这时针筒内空气应该已被完全排出。用纸巾擦拭针头，针筒内液体量达到准确体积后，再吸入一定量的空气。吸入的空气有两个好处：第一，会在色谱图上出现一个色谱峰，它的保留时间就是系统的死时间 t_M；第二，如果不小心推动了进样针推杆，吸入的空气可以防止液体样品损失。

在进样时，用一只手引导进样针行进方向以准确到达隔垫上的进样位置，另一只手稍用力将进样针头刺穿隔垫，同时防止推杆被 GC 系统内的气流压力顶出。在气体样品进样（进样量较大）或者进样口压力很高时，这一点尤其应该注意，因为稍有不慎，推杆就会被从进样针针筒顶出来。将针头插入隔垫并尽可能深入，快速按下推杆完成进样，然后快速将针头从进样口拔出。

在连续两次进样的间隔中，必须对进样针进行清洗。如果进了高沸点液体样品，建议采用二氯甲烷或丙酮等挥发性溶剂来清洗，通过溶剂的反复吸入再排出，最终达到对进样针洗涤的目的。最后，取下推杆，用真空泵或吸水器将空气抽入进样针，使进样针干燥。通过针头把空气吸进去，这样灰尘就不会进入针筒中而造成堵塞。用纸巾擦拭推杆，然后重新插入进样针筒中。如果针头变钝，可以使用小锉刀将其磨尖。

3.3.7　隔垫

进样针进样时要通过一个自密封的隔垫，隔垫由具有高温稳定性的聚有机硅制成。商用隔垫有很多类型，有些是层状的，有些在入口侧有一层聚四氟乙烯薄膜。在选择隔垫时，应考虑的性能包括高温稳定性、隔垫流失（分解）量、尺寸、使用寿命和成本。尽管不同类型隔垫的使用寿命不同，但大多能够使用50次以上。为了保证分析结果可靠，隔垫应该定期更换。对于毛细管气相色谱，务必确保只使用符合毛细管色谱柱高温稳定性要求的隔垫。

3.4　毛细管柱

图3.4展示了典型的毛细管柱的实物图和横截面示意图。这根毛细管柱长15m，内径0.25mm，固定相涂渍在管内壁上，膜厚度为0.25μm。毛细管柱是一种简单的不填充填料的色谱柱。与之对应的是在0.25mm的熔融石英管内壁涂有固定液薄膜的色谱柱，被称为"涂壁空心柱"和"开口管"，或简称为WCOT和OT色谱柱。管路是开放的，内部的流动阻力很低，因此，可以使用

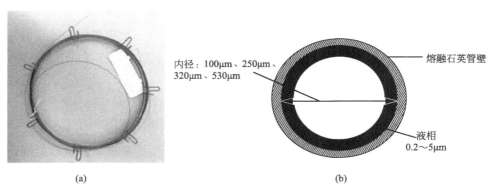

（a）　　　　　　　　　　　　　　　（b）

图3.4　15m长毛细管柱实物图（a）和毛细管柱横截面图（b）

图中标示了最常见的几种内径和膜厚

长达 100m 的色谱柱。这种长色谱柱可以非常有效地分离复杂混合物样品。熔融石英毛细管柱的惰性最强。开口管色谱柱和固定相在第 4 章和第 5 章中会有详细介绍。

表 3.2 列出了典型的 0.25mm 内径毛细管柱的物理特性及其优势。

表 3.2　典型壁涂覆开口管色谱柱参数及其优势

外径	0.40mm
内径	0.25mm
膜厚（d_f）	0.25μm
相比（β）	250
柱长	15 ～ 60m
流速	1mL/min
总塔板数（N_{tot}）	180000
最小塔板高度（H_{min}）	0.3mm
优势	柱效更高
	速度更快
	惰性更大
	所需色谱柱更少
	更有利于复杂样品的分离

3.5　温度控制区

柱温的控制必须要很仔细，以便在合理的时间内实现良好的分离。通常来说，色谱柱要在一个较宽的温度范围内工作，例如从室温到 400℃范围。温度控制是优化分离效果的最简单和最有效方法之一。色谱柱安装在热的进样口和热的检测器之间，因此，讨论这些部件的工作温度水平是很有必要的。

3.5.1　进样口温度

为了使样品能够迅速蒸发，一方面，进样口的温度要足够高，这样能够避免因进样操作技术问题而带来效率损失。另一方面，进样口温度又不能过高，过高会导致样品热分解或者化学重排。

对于闪蒸进样来说，一般进样口温度要比样品沸点高约 50℃。我们可以继续升高进样口的温度来验证这样设置是否合理，如果柱效或者峰形有改善，则证明进样口温度还不够高；而如果保留时间、峰面积或形状发生剧烈变化，则进样口的温度设置过高，可能会使样品发生分解或重排。对于柱上进样而言，进样口温度可以设置得低一些。

3.5.2 柱温

色谱柱应该保持一个足够高的温度，以便于不同组分能以合理的速率依次通过。柱温不需要比样品的沸点更高，通常来说反而要远低于目标物的沸点。这看起来不符常理，但是实际上色谱柱在气相色谱工作时仅需要样品保持蒸气状态而非气体状态。在气相色谱中，柱温必须保持在样品的"露点"以上，而不是高于其沸点。

在图 3.5 中，同一碳氢化合物样品分别在 75℃、110℃、130℃条件下在同一色谱柱上进行分离。在 75℃下，样品组分的蒸气压较低，并且在色谱柱中移动缓慢。辛烷的两个异构体在 C-8 出峰之前完全分离开来；但是分析时间比较长，达到了 24min。所以初始柱温应该足够低，以便第一个物质峰洗脱时 k 值至少为 1.0。

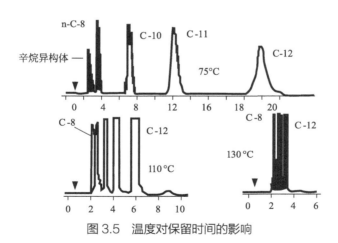

图 3.5　温度对保留时间的影响

在温度较高时，保留时间缩短。110℃时，C-12 出峰时间为 8min，130℃时变成了 4min，但是分辨率降低。要注意在较高温度下，几个峰很难被分开，较低的柱温意味着分析时间的延长，但是同时可以保持更好的分辨率。

3.5.3　恒温和程序升温

恒温表示在一个恒定的柱温下进行色谱分析。而程序升温通常是指柱温随时间线性增长。程序升温对于宽沸点范围混合物样品很有效果且使用很广。有关程序升温的更多详细信息会在第 6 章中介绍。

3.5.4　检测器温度

检测器温度取决于使用的检测器的类型。一般来说，检测器和与它相连的色谱柱出口温度必须足够高以防止样品冷凝，如果温度不够，样品发生冷凝，则有可能因柱内冷凝而导致峰展宽甚至物质丢失，但同时又不能过高而导致样品或色谱柱上固定相和聚胺涂层分解。

温度控制要求也因检测器而异。热导检测器的温度控制要精确到在 ±0.1℃ 或更小才能实现基线稳定和检测效率最大化。电离检测器没有这样严格的要求，它们的温度要保持足够高来避免样品和电离过程中生成的水或其他副产物冷凝。火焰离子化检测器的一般最低工作温度为 200℃。

3.6　检测器

检测器对从色谱柱中洗脱出来的物质进行检测，并以色谱图的形式进行记录。检测器的信号强度与每种溶质的量成正比，这也是能够进行定量分析的基础。

最常见的检测器是火焰离子化检测器（FID）。它具有灵敏度高、线性范围宽、检出限低等优点，且相对简单和廉价。其他较为常见的检测器有热导池检测器（TCD）和电子捕获检测器（ECD）。Schug、McNair 和 Hinshaw 最近的一项研究报告，根据几个列出的指标对目前最受欢迎的几类检测器进行了"分级"，如图 3.6 所示。第 8 章和第 10 章将会详细介绍图中分级的具体情况[1]。

参数	TCD	FID	ECD	PID	FPD	BID	MS	VUV
检测限	C	A	A+	A	A	A	A+	A
组分定性规范	D	D	C	C	C	D	A	A
线性范围	A	A	C	A	B	A	B	B
检测器通用性	A	B	D	B	D	A	B	A
检测器专属性	D	D	A	C	B	D	B	A
检测器稳定性	A	A	C	A	B	A	C	A
该排名不能完全代表每个检测器系统的所有表现								

图 3.6　常见色谱柱重要参数评级

资料来源：McNair 等[1]

3.7　数据处理系统

由于毛细管柱出峰很快，评判数据处理系统好坏的主要指标是能否在快速进样下准确测定分析物的信号。几乎所有气相色谱仪器都使用计算机或实验室数据处理系统来收集和分析数据。它们提供了处理单个或多个色谱系统的简单方法，并输出到本地或远程终端。计算机在获取数据、仪器控制、数据简化、显示和传输到其他设备方面具有更大的灵活性。

多数气相色谱仪器的检测器输出信号是模拟的，所以需要模数转换器（A/D 转换器）将数据转换成数字格式，以便计算机进行储存、显示和分析。这个转换过程可以通过一个独立的 A/D 转换器箱或者气相色谱仪器的 A/D 转换器来实现，只需注意不要将信号弄混。

所有的数据处理系统都可以进行基本的色谱计算，包括每个峰的起始位置、顶点、结束位置，以及峰面积、峰面积百分比、峰高百分比、内标、外标和归一化计算等。对于非线性检测器，可以进多个混标，覆盖需要的峰值区域。软件可以执行多级校准。然后，色谱仪器操作人员选择一个适用于特定检测器输出的积分校准程序即可。

参考
文献
　　[1] McNair, H. M., Hinshaw, J. V., and Schug, K. A. (2015). *LC-GC Europe* 28: 45-50.

第 **4** 章

毛细管柱

毛细管柱于 1959 年即被用于气相色谱中，但直到 1980 年才得到广泛应用，此后逐渐普及。如今，大约 90% 以上气相色谱分析应用都是在毛细管色谱柱上实现的。毛细管柱是一种比较简单的开口管柱，柱子中没有填充填料，而是将功能性的液相薄膜涂覆在管内壁上。如前所述，此类色谱柱被称为开口管（OT）色谱柱。由于管子是敞开的，其流动阻力非常低，因此，气相色谱柱的长度可以大大增加（如增加至 100m）。增加色谱柱的长度可以显著提高复杂样品中的混合物的分离效率，如第 1 章中的图 1.1 所示。

除了提高柱效之外，快速分析也是色谱工作者追求的目标。下页图 4.1 是某复杂样品中一系列挥发性有机物分离的气相色谱图，从图中可以看出：在相对较短（20m）的色谱柱上，82 种化合物在 10min 内得到了较好的分离。它在一定程度上体现了目前气相色谱法在确保各组分获得良好分离的同时，不断向快速分析方向发展的趋势，第 14 章将更详细地讨论快速气相色谱。

4.1 毛细管柱的类型

Marcel Golay 博士最先发明了毛细管色谱柱并被授权了相关专利[1]，它由一根内表面涂有一层液相薄膜的玻璃管组成，被称为涂壁空心柱（WCOT），如图 4.2 所示。柱管材料除了玻璃外，还可以由熔融石英或不锈钢制成。现在，几乎所有的商用毛细管柱都由熔融石英

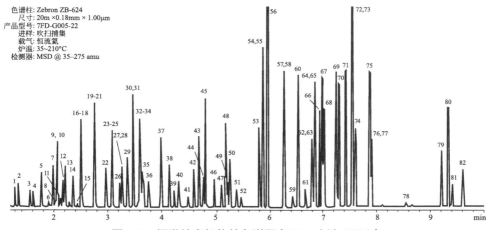

色谱柱: Zebron ZB-624
尺寸: 20m ×0.18mm × 1.00μm
产品型号: 7FD-G005-22
进样: 吹扫捕集
载气: 恒流氦
炉温: 35~210℃
检测器: MSD @ 35–275 amu

图 4.1　挥发性有机物的色谱图（EPA 方法 8260）

资料来源：Phenomenex, Inc

1—氯甲烷；2—氯乙烯；3—溴甲烷；4—氯乙烷；5—三氯氟甲烷；6—乙醇；7—二氟三氟乙烷；8—丙烯醛；9—三氯三氟乙烷；
10—1, 1- 二氯乙烯；11—丙酮；12—碘甲烷；13—二硫化碳；14—二氯甲烷；15—叔丁醇；16—反 -1, 2- 二氯乙烷；17—甲基叔丁基醚；
18—丙烯腈；19—1, 1- 二氯乙烷；20—醋酸乙烯酯；21—二异丙醚；22—乙基叔丁基醚；23—2, 2- 二氯丙烷；24—顺 -1, 2- 二氯乙烯；
25—2- 丁酮；26—溴氯甲烷；27—氯仿；28—四氢呋喃；29—1, 1, 1- 三氯乙烷；30—1, 1- 二氯丙烯；31—四氯化碳；32—1, 2- 二氯乙烷 -d₄；
33—苯；34—1, 2- 二氯乙烷；35—叔戊基甲基醚；36—氟苯；37—三氯乙烯；38—1, 2- 二氯丙烷；39—二溴甲烷；40—溴二氯甲烷；
41—2- 氯乙基乙烯基醚；42—顺 -1, 3- 二氯丙烯；43—甲基异丁基酮；44—甲苯 -d8；45—甲苯；46—反 -1, 3- 二氯丙烯；47—1, 1, 2- 三氯乙烯；
48—四氯乙烯；49—1, 3- 二氯丙烷；50—2- 己酮；51—二溴氯乙烷；52—1, 2- 二溴乙烷；53—氯苯；54—1,1,1,2- 四氯乙烷；55—乙苯；
56—对二甲苯；57—邻二甲苯；58—苯乙烯；59—溴仿；60—异丙苯；61—1- 溴氟苯；62—1, 1, 2, 2- 四氯乙烷；63—溴苯；
64—1, 2, 3- 三氯丙烷；65—正丙基苯；66—2- 氯甲苯；67—1, 3, 5- 三甲基苯；68—4- 氯甲苯；69—叔丁基苯；70—1, 2, 4- 三甲基苯；
71—仲丁基苯；72—1, 3- 二氯苯；73—4- 异丙基甲苯；74—二氯苯；75—正丁基苯；76—1, 2- 二氯苯 -d4；77—1, 2- 二氯苯；
78—1, 2- 二溴 -3- 氯丙烷；79—1, 2, 4- 三氯苯；80—六氯丁二烯；81—萘；82—1, 2, 3- 三氯苯

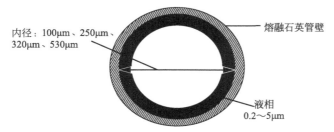

内径：100μm、250μm、320μm、530μm　　　熔融石英管壁

液相　0.2~5μm

图 4.2　涂壁空心柱（WCOT）

制成。值得指出的是，Marcel Golay 也是提出 Golay 方程的科学家，该方程已在第 2 章中进行了讨论。

　　毛细管柱在所有气相色谱柱中具有最高的分辨率。内径为 0.10mm、0.20mm、0.25mm、0.32mm 和 0.53mm 的管已商业化。尽管有时会使用 100m 的色谱柱，但通常可在市场上买到的长度为 10 ～ 60m。但是，较长的色谱柱需要较长的分析时间。膜厚范围通常在 0.1 ～ 5.0μm 之间。薄膜可提供高分辨率和较快的分析速率，但它们的样品容量有限。厚膜具有较高的样品容量，但分辨率较

低，通常仅用于挥发性非常强的化合物的分析。

图 4.3 显示了其他两种类型的毛细管柱，左侧是载体涂渍开管柱（SCOT），右侧是多孔层开管柱（PLOT）。SCOT 色谱柱内含一个吸附层，吸附层由表面覆盖液膜的小颗粒固相载体（例如 Celite®）组成。与早期 WCOT 色谱柱常用的薄膜相比，它们可以保留更多的液相，具有更高的样品容量。但是，随着交联技术的引入，WCOT 色谱柱可以使用稳定的厚膜，因此对 SCOT 色谱柱的需求几乎消失。目前仅有少数 SCOT 色谱柱在市场上有售，但仅限于用在不锈钢管中。

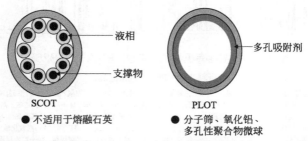

图 4.3　载体涂渍开管柱（SCOT）与多孔层开管柱（PLOT）的比较

PLOT 色谱柱包含一个多孔的固体吸附剂层，例如氧化铝、分子筛或多孔性聚合物微球 [2]。PLOT 色谱柱非常适合分析轻质固定气体和其他挥发性化合物。一个很好的例子是在分子筛 PLOT 色谱柱上分离氧气、氮气、甲烷和一氧化碳，如图 4.4 所示 [3]。PLOT 色谱柱仅占 GC 色谱柱市场的一小部分（<5%），但也很重要。

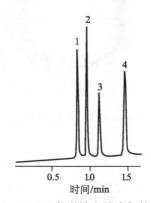

图 4.4　PLOT 色谱柱上固定气体的分离

色谱柱：15m×0.32mm ID Rt-Msieve 13X；20μL 分流进样；炉温：恒温 40℃；检测器：TCD；
载气：氮气；1.5mL/min；色谱峰：1—氧气，2—氮气，3—甲烷，4——氧化碳
资料来源：经 Wawrzyniak 和 Wasiak 许可转载 [3]，John Wiley & Sons 版权所有（2003）

4.2　毛细管柱管

目前，有多种类型的柱管已被使用，包括玻璃、铜、尼龙和不锈钢，而熔融石英是迄今为止最受欢迎的。在毛细管气相色谱研究的早期就引入了不锈钢柱管，但是它的柱效不是很高，且对类固醇、胺和自由酸等反应性很强的化合物表现出过高的活性。玻璃柱可避免上述不足，但是柱管却很脆弱。

4.2.1　熔融石英

熔融石英毛细管色谱柱于 1979 年推出[4]，如今，毛细管柱中有 98% 以上是由熔融石英制成的。熔融石英具有柔韧性，易于处理。它也是目前可用的最具惰性的管材料，可以方便用于制备高分辨率色谱柱。熔融石英的表面能与有机硅基液相的表面张力非常匹配。硅酮相可以很好地"润湿"柱管道，从而获得非常均匀的薄膜和高效的色谱柱。

熔融石英是由 $SiCl_4$ 和水蒸气在火焰中反应制得的，产物为纯 SiO_2，表面约含 0.1% 的羟基或硅烷醇基，且杂质（Na、K、Ca 等）的含量少于 1μg/mL。正因为熔融石英的纯度较高，其具有非常惰性的化学性质。大约需要 1800℃ 的工作温度才能软化熔融石英，并将其拉成毛细管。熔融石英毛细管色谱柱是使用先进的光纤技术在昂贵的精密机械上拉制而成的。

4.2.2　聚酰亚胺涂层

熔融石英具有很高的抗拉强度，大多数色谱柱的管壁都很薄，约为 25μm，这使它们非常灵活且易于处理。然而，即使暴露在正常的实验室气氛中，薄壁也容易受到腐蚀和破裂。因此，当软管从拉伸炉中出来时，将薄的聚酰亚胺保护层涂在软管的外部。这种聚酰亚胺涂层会随着时间的增加而变暗，可保护熔融石英免受大气中水分的影响。正是这种聚酰亚胺涂层将大多数熔融石英色谱柱限制在最高工作温度为 360℃（短期可用到 380℃）。对于更高的色谱柱温度，需要不锈钢包覆的熔融石英。

4.3 毛细管柱的优点

表 4.1 显示了毛细管柱如此受欢迎的原因。它们是开放式管道，压力降很小，因此可制成很长的长度，例如 60m。然而，传统的填充柱用固相载体紧密填充，产生较大的压力降，无法使用长管，填充柱的典型长度为 2m。与填充柱相比，毛细管柱的分辨率显著提高，通常可提高一个数量级。

毛细管柱在熔融石英的光滑、惰性表面上涂有一层薄而均匀的液膜，可得到很高的柱效，每米有 3000 ～ 5000 理论塔板数。然而，填充柱具有较厚的膜（通常不均匀），每米仅有 2000 理论塔板数。因此，长毛细管柱中可用的总塔板数范围为 180000 ～ 300000，而填充柱仅有 4000 左右的总塔板数，显示出低得多的分辨率。

表 4.1　毛细管柱和填充柱的比较

项目	毛细管柱	填充柱
长度 /m	60	2
理论塔板数（N）/m	3000 ～ 5000	2000
总塔板数（长 ×N）/m	180000 ～ 300000	4000

图 4.5 显示了同一样品在填充柱和毛细管柱上的色谱图。图 4.5（a）是工业多氯联苯 1260®（多氯联苯化合物的商业混合物）在填充柱上的分离情况。色谱柱为柱长为 2m、内径为 2mm 的玻璃填充柱，检测器为电子捕获检测器。该色谱图显示了大约 1500 的塔板数，我们可以在该样品谱图上观察到约 16 个色谱峰。

图 4.5（b）显示了在 50m 的毛细管柱上分析该样品得到的色谱图。由于毛细管柱的容量相对较低，因此，采用了"分流进样"（可以快速注入极少量的样品），分流比为 30∶1，也就是说，只有 1/31 的样品量最终进入色谱柱。与图 4.5（a）相比，图 4.5（b）显示出更高的分辨率，超过 65 个峰被检测，且分析速度更快。另外，我们也可看出，工业多氯联苯是一种非常复杂的混合物，即使是这种具有 150000 板的高分辨率毛细管柱也无法分离所有峰。

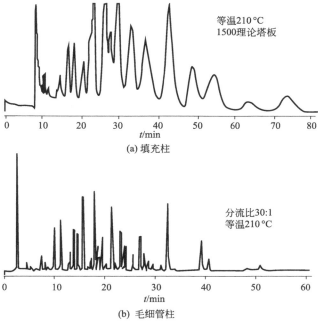

图 4.5　多氯联苯 1260® 两种分离方法的比较

4.4　色谱柱选择

　　毛细管色谱柱的五个关键参数是：①柱内径，②柱长，③膜厚，④固定相组成，⑤流速。下面将对部分参数进行简要讨论。

4.4.1　柱内径

　　表 4.2 对一些常见的色谱柱内径进行了简单评估。熔融石英色谱柱内径通常在 100 ～ 530μm（0.10 ～ 0.53mm）范围内，一些玻璃毛细管色谱柱的内径会更大。100μm 内径色谱柱（表 4.2 的第一行）因样品容量有限，通常不是非常适合痕量分析，而且其在易操作性方面也受到限制。然而，这些细内径色谱柱具有很高的柱效，非常适合快速分析，但是需要特殊的样品前处理技术和高速数据采集系统来发挥其全部潜力。

如表 4.2 第二行所示，许多毛细管色谱柱的内径为 250μm 或 320μm，这类规格的色谱柱在分辨率、分析速度、样品容量和易操作性等方面均有所兼顾，体现出良好的性能。它们通常可用作参比柱，用于衡量和评价其他内径的色谱柱，因此，建立一个通用色谱方法时，往往最先尝试采用 250μm 内径的色谱柱。

与细内径的分析毛细管色谱柱相比，表 4.2 显示第三行中的 530μm 或"宽口径"色谱柱尽管在分辨率上有所损失，但在大多数应用中，它们的高样品容量和易操作性可以有效抵消这些影响。例如："宽口径"色谱柱可以实现柱上进样，不仅操作简单，而且通常能得到比填充柱更好的定量结果，同时还显示出了良好的分析速度。

表 4.2　色谱柱内径的影响

内径	分辨率	分析速度	样品容量	易操作性
⟵→100μm	很好	很好	一般	一般
⟵→250μm 320μm	好	好	好	好
⟵→530μm	一般	好	很好	很好

4.4.2　柱长

塔板数 N 与色谱柱柱长 L 成正比。色谱柱越长，则理论塔板越多，分离效果越好。但是，分辨率 R_S 仅与色谱柱长度的平方根成正比。也就是说，如果将色谱柱长度加倍，则塔板数将加倍，但分辨率仅增加至原来的 $\sqrt{2}$ 倍，即 41%。

保留时间 t_R 也与色谱柱长度成正比，因此，色谱柱柱长增加会导致分析时间变长。但是，当我们需要较高的分辨率时，通常还是会适当牺牲一点分析时间而选择较长的柱子。如表 4.3 所示，当分析一些如香料和香精等组成复杂的天然产物时，推荐使用 60m 长的色谱柱。实际分析中，对于组分数多于 50 的样品，我们都推荐使用长柱，尽管这会导致分析时间延长。

反之，如果要对一些组成简单的样品进行快速分析，则推荐使用短柱。虽然短柱可能只有中等水平的分辨率，但对简单样品分析已经足够，关键是分析速度可以大大加快。第 14 章将详细讨论快速 GC 技术。

对于大多数实际样品分析而言，我们优先推荐使用 15m 或 30m 的中等长度色谱柱，因为它们同时兼顾了分辨率和分析速度两方面的因素。通常地，建立一个常规色谱分析方法时，可以先在 15m 长的色谱柱上开始尝试。

表 4.3　色谱柱长度、分辨率和分析速度的关系

色谱柱长度	分辨率	分析速度
长柱（60～100m）	高	慢
短柱（5～10m）	适中	快
中等柱（15～30m）	适中到高	适中至好

4.4.3　膜厚

建立一个常规色谱分析方法时，可以先在标准膜厚为 0.25μm 的色谱柱上进行尝试，因为它兼具薄膜的高分辨率与厚膜的高样品容量。高样品容量意味着色谱柱不仅可以承载更大的样品量，而且可以使进样技术变得更简单。

柱流失与色谱柱固定相中的液相量成正比，因此对于膜厚为 0.25μm 的色谱柱而言，其实际使用的柱温可以根据具体需求来设定，而不必过多考虑柱流失的问题。同样，色谱柱膜厚为 0.25μm 时，可以使用较快的流速来优化色谱分析的速度，使用较慢的流速来优化色谱柱的分辨率。

由于液相交联技术的改进以及熔融石英的表面更为惰性，目前已可以制备出膜厚大于 1.0μm 的色谱柱。这类厚膜可显著增加待测组分在色谱柱上的保留，这一特性对于挥发性化合物的分离分析至关重要。此外，厚膜柱的高样品容量

可以实现大样本进样，这一优势在 GC 与质谱仪或傅里叶变换红外光谱仪联用分析中显得尤为重要。

厚膜柱的缺点是柱效有所降低，因此需要更长的柱长来加以弥补。同时，待测组分需要在更高的柱温条件下才能从厚膜上解析下来，但高柱温又会产生较高的背景噪声。柱流失与色谱柱固定相中的液相量成正比，因此，厚膜的固定相流失也更多。

图 4.6 是典型的厚膜色谱柱应用的例子，采用的是 50m 的色谱柱来分离分析天然气成分。色谱柱的固定相为膜厚为 5μm 的化学键合聚二甲基硅氧烷，从图中可以看出：甲烷、乙烷、丙烷和正丁烷（分别对应于图中的峰 1、2、3 和 4）都获得了较高的分辨率。该色谱柱非常适合挥发性化合物的分析，但不适合于高分子量的化合物，因为它们需要过高的柱温和较长的分析时间。例如：即使在 140℃时，苯（峰 14）也需 20min 才能流出。

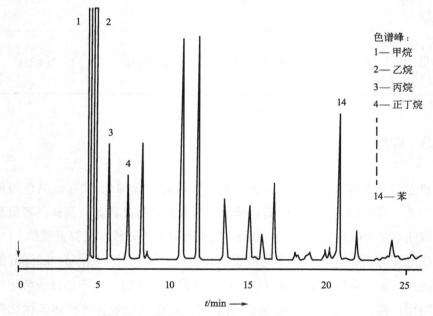

图 4.6　天然气在厚膜（5μm）色谱柱上的分离

色谱柱：50m×320μm WCOT，CP‑sil 8 CB；程序升温条件：40℃保留 1min，再以 5℃/min 升到 200℃

薄膜（膜厚小于 0.2μm）色谱柱的主要优点是柱效高，因而具有更高的分辨率。因此，较短的薄膜色谱柱应用面较广（请参阅第 14 章中的快速气相色谱）。

另外，薄膜色谱柱可以使用较低的操作温度，可以大大减少柱流失。

4.4.4 固定相

毛细管柱的固定相通常是液体或黏度较高的聚合物，总体上讲，固定相对目标化合物应该具有较高的选择性。此外，它们还应耐受较高的温度，且色谱柱的柱流失小。这对于用于痕量分析的检测器（例如 FID、ECD 和 MS）尤其重要。详细信息请参见第 5 章。

表 4.4 统计了 2018 年为止最常用的一些填充柱和毛细管柱固定相。基本上，目前使用的固定相类型主要包括两种：一种是硅氧烷聚合物，其中 OV-1、SE-30 和 DB-1（100% 甲基聚硅氧烷）和 OV-17、OV-275、DB-1701 和 DB-710（甲基、苯基和氰基的混合物）聚硅氧烷是最受欢迎的；另一种常见的固定相是聚乙二醇（Carbowax20M、Superox® 和 DB-WAX®）。聚二甲基硅氧烷和聚乙二醇固定相的化学结构见第 5 章图 5.7 和图 5.8。

但是，传统的填充柱固定相和毛细管柱固定相之间有一个非常重要的区别：毛细管柱固定相交联化程度高。通过在高温下加热新制备的毛细管柱，甲基形成自由基，很容易交联形成更稳定、分子量更大的固定相，甚至还有一些与熔融石英表面硅羟基的化学键合。这些交联相和化学键合相的具有高耐温性，通常可以使用较长时间，甚至可以在色谱柱冷却后采用溶剂淋洗的方法来清洁柱子。目前，大多数商业化毛细管柱的固定相都是采用交联方式制备的。

4.4.5 色谱柱老化

在早期，所有色谱柱都必须通过高温和长时间（通常是整夜）烘烤来进行老化。现在的商用毛细管色谱柱大都已经在工厂进行过老化，因此，无须过多对色谱柱进行老化。不过，一支新色谱柱在使用前，推荐按如下方法进行老化：升温前先通载气几分钟，以赶尽色谱柱中的空气，然后缓慢进行程序升温（3 ～ 5℃ /min），终温略高于实际样品分析的温度。千万不要在超过厂家建议的最高色谱柱温度下老化！老化过程中要观察基线运行情况，当基线稳定后，即可开始使用色谱柱。表 4.5 中列出了部分常见固定相的最高使用温度。

表 4.4　部分毛细管柱固定相的对照

固定相	《美国药典》命名	安捷伦	SGE	Restek	菲罗门	Macherey-Nagel	Supelco	Alltech	Quadrex	等效填充柱
聚二甲基硅氧烷	G1, G2, G38	HP-1, DB-1, CP-Sil5CB	BP1	Rtx-1	ZB-1	OPTIMA1	SPB-1	AT-1, EC-1	007-1	OV-1 OV-101 SE-30
聚二甲基硅氧烷		DB-1HT		Rxi-1HT	ZB-1HTinferno			AT-1ht		
聚二甲基硅氧烷（低流失）		HP-1ms, HP-1ms UI, DB-1ms, DB-1ms UI, VF-1ms, Ultra-1	BP1	Rxi-1ms	ZB-1, ZB-1ms	OPTIMA1 MS, OPTIMA 1MS, Accent	SPB-1, Equity-1	AT-1ms	007-1	
二苯基二甲基聚硅氧烷	G27, G36	HP-5, DB-5, CP-Sil8CB	BP5	Rtx-5, Rtx-5MS	ZB-5	OPTIMA5	SPB-5	EC-5, AT-5	007-5	SE-52 SE-54
二苯基二甲基聚硅氧烷		DB-5ht, VF-5ht	HT5	Rxi-5HT	ZB-5HTinferno	OPTIMA 5HT				

固定相	《美国药典》命名	安捷伦	SGE	Restek	菲罗门	Macherey-Nagel	Supelco	Alltech	Quadrex	等效填充柱
二苯基二甲基聚硅氧烷（低流失）	G27, G36	HP-5msSV, HP-5ms, HP-5msUI, DB-5, Ultra-2, CP-Sil8CB	BP5ms	Rxi-5ms	ZB-5, ZB-5msi	OPTIMA5, OPTIMA 5MS	SPB-5, Equity-5	AT-5ms	007-5	
1,4-二(二甲基硅氧基)苯基聚亚苯基硅氧烷		DB-5ms, DB-5msUI, VF-5ms	BPX5	Rxi-5Sil MS	ZB-5ms, ZBSemi Volatiles, ZM-5MSplus	OPTIMA MS Accent	SLB-5ms		007-5MS	
专有固定相		DB-XLB, VF-Xms		Rxi-XLB	MR1, ZB-XLB	OPTIMA XLB				
二苯基二甲基聚硅氧烷	G28, G32			Rtx-20			SPB-20	EC-20, AT-20	007-20	OV-7
二苯基二甲基聚硅氧烷	G42	HP-35, DB-35		Rtx-35	ZB-35		SPB-35, SPB-608	AT-35, AT-35-ms	007-35	OV-11

固定相	《美国药典》命名	安捷伦	SGE	Restek	菲罗门	Macherey-Nagel	Supelco	Alltech	Quadrex	等效填充柱
专有固定相		DB-35ms, DB35msUI, VF-35ms	BPX35, BPX608	Rxi-35Sil MS	MR2	OPTIMA 35MS				
苯基甲基聚硅氧烷	G3	HP-50+, CP-Sil24CB		Rtx-50			SPB-50	AT-50	007-17	OV-17 SP-2250
二苯基甲基聚硅氧烷	G3	HP-17, DB-17, DB-17ht, DB-608		Rxi-17	ZB-50	OPTIMA17	SPB-17			
专有固定相	G3	DB-17ms, VF-17ms	BPX50	Rxi-17Sil MS		OPTIMA17 MS				
二苯基甲基聚硅氧烷				Rtx-65						
专有固定相	G43	DB-624, VF-624ms, CP-Select624 CB	BP624	Rxi-624Sil MS		OPTIMA 624LB				

固定相	《美国药典》命名	安捷伦	SGE	Restek	菲罗门	Macherey-Nagel	Supelco	Alltech	Quadrex	等效填充柱
氰丙基甲基苯甲基硅氧烷	G43	DB-1301, DB-624, DB-624UI, VF-1301ms, VF-624ms, CP-1301	BP624	Rtx-1301 Rtx-624	ZB-624	OPTIMA1301, OPTIMA624	SPB-624	AT-624, AT-1301	007-1301, 007-624	OV-1301 OVI-G43
氰丙基甲基苯甲基硅氧烷	G46	DB-1701P, DB-1701, CP-Sil 19 CB, VF-1701ms, VF-1701	BP10	Rtx-1701	ZB-1701, ZB-1701P	OPTIMA1701	Equity-1701	AT-1701	007-1701	OV-1701
三氟丙基甲基聚硅氧烷	G6	Pesticides DB-210, DB-200, VF-200ms		Rtx-200		OPTIMA210		AT-210		OV-210 OV-202 QF-1
三氟丙基甲基聚硅氧烷（低流失）	G6	VF-200ms		Rtx-200MS						
氰丙基甲基苯甲基硅氧烷	G7, G19	DB-225ms, CP-Sil 43 CB	BP225	Rtx-225		OPTIMA225	SPB-225	AT-225	007-225	OV-225

固定相	《美国药典》命名	安捷伦	SGE	Restek	菲罗门	Macherey-Nagel	Supelco	Alltech	Quadrex	等效填充柱
双氰丙基氰丙苯基聚硅氧烷	G8, G48	VF-23ms	BPX70	Rtx-2330			SP-2330 SP-2331, SP-2380 SP-2560	AT-Silar90	007-23	
双氰丙基聚烷氧烷		HP-88, CP-Sil 88		Rt-2560			SP-2560			
聚乙二醇	G14,G15, G16,G20, G39	DB-WAX	BP20	Rtx-Wax	ZB-Wax	OPTIMA WAX		AT-WA Xms, EC-WAX	007-CW	WAX Carbowax 20M
聚乙二醇	G14,G15, G16,G20, G39	HP-INNOWax, CP-Wax52 CB, VF-WAX MS		Stabilwax	ZB-WAXplus	OPTIMA WAXplus	Supel cowax-10	AT-WAX, EC-Wax		
聚乙二醇				Stabilwax-MS				AT-WAXms		

表 4.5　色谱柱最高使用温度

固定相	温度 /℃
DB-1、ZB-1 或等效的色谱柱	360
DB-5、ZB-5	360
DB-35、ZB-35	340
DB-674、ZB-674	260
DB-WAX；ZB-Wax	250

4.4.6　载气和流速

第 2 章展示了 van Deemter 图，并说明了柱流速对谱带展宽的影响。在最佳流速时谱带展宽最小。对于填充柱和厚膜大口径柱而言，氮气是首选的载气，因为 van Deemter B 项（纵向扩散）占主导地位。氮气比氦气重，会减小 B 项并产生更高的柱效。

但是，在毛细管色谱柱中，尤其是薄膜色谱柱，氢气是最佳的载气（参见图 2.12）。对于毛细管柱，柱效率（N）通常绰绰有余，条件优化的侧重点在分析速度上。因此，毛细管柱通常以比最佳流速更快的速度运行，其中流动相传质（C_M 项）占主导地位。氢气能以更快的速度进行分析，而柱效损失最小，因为它可以更快地在流动相中扩散，并使 Golay 方程中的 C_M 项最小化。与之相比，填充柱和厚膜毛细管柱都无法进行快速分析。请参阅第 14 章。

4.5　色谱柱性能测试：Grob 试剂

当 Dandeneau 和 Zerenner [4] 在 1979 年推出熔融石英毛细管时，色谱工作者认为这将最终解决他们一直关注的色谱柱惰性问题，因为与当时使用的普通玻璃管柱相比，熔融石英的纯度和惰性要高得多。然而，人们很快就发现：熔融石英也具有硅烷醇基团的活性"热点"，极性化合物（尤其是碱性胺类）会强烈吸附在其表面，导致峰拖尾和定量结果差，因此，设法使熔融石英表面失活显得非常必要。

　　为了对毛细管表面失活过程进行定量评价，需要采用一种有效的测试方法来评价失活过程的有效性。幸运的是，K. Jr. Grob、G. Grob 和 K. Grob 等一直致力于相关研究，并从 1978 年开始发表了相关研究成果[5,6]。他们提出了一种针对不同官能团的混合测试方案，这种用于评价色谱柱性能的混合测试试剂（Grob 试剂）由以下六类化合物组成：

　　① 碳氢化合物。作为中性化合物，峰形应始终保持尖锐且对称；如果不是，则表明所安装的色谱柱质量不合格。

　　② 脂肪酸甲酯。用于评价色谱柱分离效率的同系物，如果其色谱峰高较小，则表明色谱柱系统对目标物存在一定的吸附而导致其峰高损失。

　　③ 乙醇。如果进样口中衬管或色谱柱中硅烷醇具有一定的活性（未完全失活），则会与乙醇分子之间产生氢键作用，导致乙醇的峰高降低。

　　④ 醛。如果醛类化合物峰高降低或峰不对称，则表明发生了醛的特异性吸附。

　　⑤ 酸。如果对酸性化合物产生吸附，则表明存在碱性的吸附位点或氢键作用（游离硅烷醇基），但可能对其他类型的分析物有效。

　　⑥ 碱。如果碱性化合物的峰形不好或峰高较低，则表明色谱柱具有酸性特征，对碱性化合物的分析不利，但可能适用于其他类型的分析物。

　　根据 Grob 试剂的出峰顺序不同，也可以判断固定相的极性大小。出峰顺序发生反转，表明分析物和固定相的分子间吸引力不同。色谱柱制造商通常使用 Grob 试剂或类似混合试剂来评价和保证色谱柱的质量。

　　典型的测试色谱图如图 4.7 所示。应着重关注的是各色谱峰的峰形是否完美，尤其是胺类化合物（峰 7）。

4.6　毛细管色谱柱的故障诊断

4.6.1　柱流失

　　随着色谱柱温度升高，直至具有一定蒸气压的固定相开始分解或蒸发时，就会发生色谱柱固定相的流失。当色谱柱经过程序升温，达到或接近最大柱温

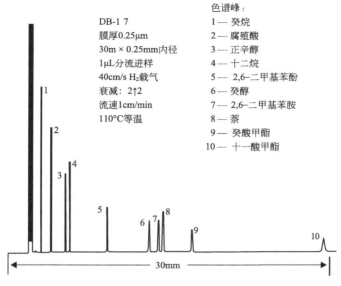

图 4.7　标准测试混合物的色谱图

条件: 30m×0.25mm 内径 DB-17, 在 110℃下具有 0.25μm 膜。

资料来源: 来自 Miller [7, p.154], 转载自 John Wiley & Sons, Inc

时，柱流失现象最常发生。色谱柱流失表现为色谱图的基线随着色谱柱温度的升高而上升，如果终温保持恒定，则色谱柱流失会趋于平稳。随着色谱柱的使用年限或使用次数增加，柱流失会变得更加明显。可以通过选择对温度不敏感或对分析物保留弱的固定相来减轻柱流失，因此，在需要采用高柱温进行色谱分析时，薄膜柱通常被优先推荐使用，也可以使用一些"低流失"型的有机硅聚合物固定相色谱柱，它们很容易从不同产商购置到。

4.6.2　柱外效应导致的谱带展宽

毛细管柱的体积远小于填充柱。在进样口或检测器中安装辅助配件时，必须格外小心，以确保将色谱柱外部的空隙体积降至最低。在进样口中安装色谱柱时，务必严格遵守仪器制造商的指示，同时必须确保色谱柱顶端到进样口的距离正确，安装过程因视线受阻，因此需要格外小心。将毛细管色谱柱另一端安装到检测器中时，需确保在毛细管柱的末端和检测器之间没有"空隙"或多余的体积。因为进样口或检测器中的空隙体积可能会导致色谱峰展宽，柱效降低。

4.7 毛细管色谱柱选择指南

（1）长度

规则：在满足分析要求前提下尽可能使用最短的色谱柱。

a. 节省时间。

b. 便宜。

c. 降低组分的保留时间。

d.. 如果要获得高分辨率（R_s），可考虑降低膜厚（d_f）和 / 或内径（i.d.）。

（2）内径

① 当需要高载气流量（如吹扫捕集和顶空进样）时，首选大口径色谱柱（内径 0.53mm）。

a. 简单的直接进样技术。

b. 适用于有死区、冷点、活性材料和难清洁部件的早期仪器。

c. 适用于需要将样品从吸附剂或基质中转移出来的情形（顶空、SFC、SPE 技术）。

② 中等口径色谱柱（内径 0.25 ～ 0.35mm）。

常作为一种折中方案使用，同时兼顾大口径和小口径的优点。

③ 小口径色谱柱（内径 0.10mm），可提高分离效率和分析速度。

a. 可选择更短的色谱柱，获得更快的分析速度。

b. 局限性：

因样品容量小，常需要高分流比（500：1）。

痕量分析能力受限制。

需要高载气压力。

对设备和操作要求更严苛。

（3）膜厚

① 厚膜的优势。

a. 增加保留；对易挥发物至关重要；膜厚增加可起到增加柱长的效果。

b. 柱容量增加；对 GC-MS 或 GC-FTIR 分析非常重要。

c. 样品中各组分均在更高的柱温下流出，导致吸附效应降低。

② 薄膜的优势。

a. 可获得最大的分离效率。

b. 组分在较低的柱温下流出。

c. 分析速度更快。

（4）固定相

① 首先选择 DB-1 或 DB-5 等非极性固定相，更有效，惰性更强，通常对大多数样本类型都有用。固定相的非极性意味着其对极性化合物的溶解度较低，因此可以使用较低的柱温。这对热不稳定化合物的分析更有利。

② 如果需要提高分析的选择性，则可使用更极性的固定相，如 OV-1701 或 Carbowax$^{®}$。

（5）载气：使用 H_2 或 He（比 N_2 快得多）

① H_2 相对于 He 的优势。

a. 分离效率略高。

b. 分析时间大约快 50%（针对恒温分离而言）。

c. 灵敏度更高（峰形更尖锐）。

d. 色谱柱通常在更低的温度下运行，有利于提高分辨率和延长色谱柱寿命。

② H_2 作载气的劣势。

存在潜在的危险；如果在空气中的含量超过 5%，遇到火花会引起爆炸，因此不推荐使用 H_2 作载气，尤其是不建议用于 GC-MS 中。

参考文献

[1] Golay，M. J. E. (1958). *Gas Chromatography 1958 (Amsterdam Symposium)*(ed. D. H. Desty), 36-55-62-68. London: Butterworths.

[2] Poole, C. F. (2012). Gas Solid Chromatography. In: *Gas Chromatography* (ed. C. F. Poole), 123-136. Amsterdam: Elsevier.

[3] Wawrzyniak, R. and Wasiak, W. (2003). *J. Sep. Sci.* 26: 1219-1224.

[4] Dandeneau, R. D. and Zerenner, E. H. (1979). *J. High Resolut. Chromatogr.* 2: 351-356.

[5] Grob, K. Jr., Grob, G. and Grob, K. (1978). *J. Chromatogr.* 156: 1-20.

[6] Grob, K. Jr., Grob, G. and Grob, K. (1981). *J. Chromatogr.* 219: 13-20.

[7] Miller, J. M. (2005). *Chromatography: Concepts and Contrasts*, 2e. Hoboken, NJ: John Wiley & Sons, Inc.

第 5 章

固定相

气相色谱分析中需要考虑的两个最重要的问题是固定相选择和柱温程序的设置，因为它们共同决定了色谱分离的化学机制和热力学机制。本章重点介绍固定相的选择，第 6 章将讨论色谱柱升温程序的设置。如果需要深入了解这一问题，可以参考 Barry 和 Grab 编写的专著，该专著对固定相、色谱柱设计和生产进行了非常详尽的讨论，是一本优秀的参考书[1]。

本章从以下几部分展开讨论：最常见的固定相；固定相的分类；在不同领域的应用情况；如何针对特定的分离需求来选择合适的固定相。与填充柱相比，开管柱因为柱效高得多，在固定相的选择方面不如填充柱的要求严苛。本章同时讨论了几类重要的毛细管柱固定相的基本化学特性。

5.1 色谱柱固定相的选择

本节考察了选择色谱柱固定相的科学依据，但首先我们必须承认，固定相的选择方法不是唯一的，还有一些其他的气相色谱柱固定相选择方法。这些方法中，最简单和快捷的方法是直接去请教一个在这方面具有丰富经验的人，这个人可以是你实验室的同事，也可以是其他单位的同行。如果你身边就有一些经验丰富的色谱专家，或者可以方便地通过其他途径接触到这类专家学者，就应该毫不犹豫地去请教。也有许多色谱厂家和仪器制造商会在他们的网站上提供许多非常有价值的信息。使用一种或多种感兴趣的分析物作为关键词，在制造商的网站进行简单搜索，通常会得到一份相关的应用说明或出版物，这些资料可以作为方法开发的起点。你可以向他们咨询一些你遇到的问题，也可以给他们的应用工程师打电话。

第二种方法是检索科学文献。GC 是一门成熟的学科，文献中很可能已经有很多与你正研究的样品类型密切相关的应用例子，因为与 GC 相关的出版物已经超过 200000 种。通过 SciFinder 工具在线访问化学文摘，可以轻松地搜索所需文献来获取帮助。Google scholar（谷歌学术）也是一种非常有用的免费文献检索工具，只需将"气相色谱"和目标分析物名称作为关键字进行搜索即可。

第三种方法是去实验室开展一些必要的试验来选择合适的色谱柱固定相。表 5.1 中推荐了几种常用于探索试验的典型毛细管色谱柱和试验条件，色谱柱的固定相是非极性的 5% 苯基聚二甲基硅氧烷（PDMS）聚合物。以上述条件为基础，就可以非常容易地对待测的新样品进行 GC 分析方法开发。在 Snow 博士的实验室中，所有初始方法的开发都是在这一类型的色谱柱上进行的，仅在必要时进行一些适当更改，但是通常情况下我们不会轻易更改方法。

本章讨论了多种类型固定相。如果读者想了解更多色谱柱厂家提供的类似固定相信息，建议参考第 4 章表 4.4。

表 5.1　推荐用于初始方法开发的色谱柱

项目	色谱柱[①]	
	毛细管柱	填充柱
固定相	DB-1 或 DB-5	OV-101
膜厚 / 载量	0.25μm	3%（质量百分数）
柱长	15m	2ft（61cm）
柱内径	0.25mm	2mm
程序升温范围（终温保留 5min）	60 ～ 320℃	100 ～ 300℃

①填充柱为玻璃，毛细管柱为熔融石英。

5.1.1　固定相分类

在第 1 章中提到过固定相既可以是液体也可以是固体，液体更为常见，因此产生了称为气液色谱法（GLC）的子类别。本章重点介绍使用更为广泛的毛细管柱 GLC，气固色谱法（GSC）和填充柱将在第 13 章中讨论。

为了用液体作 GC 固定相，必须找到合适方法将液体保留在色谱柱中。对于毛细管色谱柱，液体被涂覆在毛细管内壁。为了使它们更好地黏合，聚合液相通常需经过充分交联化并化学键合到熔融二氧化硅表面，如第 4 章所述。

5.1.2 固定相的要求

有数百种液体被用作固定相，因为固定相的要求仅仅是低蒸气压、热稳定性、低黏度（利于快速传质）。在典型的填充柱中，由于可选液体种类多，选择过程复杂，需要采用分类方案进行简化。这些分类方案同样也适用于毛细管柱固定相。

下面将通过一些例子来说明极性对固定相选择性的影响。能用作固定相的液体应与待分析样品的组分发生相互作用。化学家的经验法则是"相似相溶"原理，即极性固定液用于极性分析物，非极性固定液用于非极性分析物。图 5.1 显示了一个农药样品在两种不同极性的色谱柱上的分离情况，图 5.1（a）是非极性固定相 SE-30（100% PDMS），图 5.1（b）是极性固定相 OV-210®（三氟丙基甲基 PDMS）。显然地，农药中的极性组分在极性固定相的色谱柱上分离效

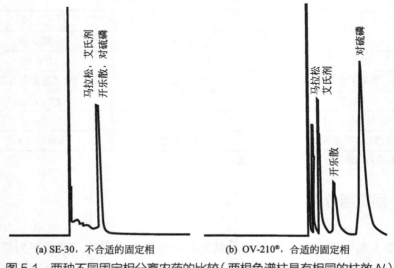

(a) SE-30，不合适的固定相　　(b) OV-210®，合适的固定相

图 5.1　两种不同固定相分离农药的比较（两根色谱柱具有相同的柱效 N）

果更好，说明选择合适的固定液对组分的分离非常重要。非极性的 SE-30 色谱柱原本是一款性能优异的色谱柱（柱效高），但是对这类极性样品的分离效果不佳（选择性差）。

在对比两个极性差异较大的固定相时，出峰顺序可能发生颠倒。例如，图 5.2 显示了在极性固定相色谱柱 Carbowax®20M 和非极性固定相色谱柱 100% PDMS 上，六个沸点相似的化合物的分离情况，可以看出它们在两根色谱柱上的出峰顺序发生颠倒。尽管有些时候固定相极性的改变对分离的改善并不总是那么显著，但极性变化可能引起出峰顺序变化的情形不应被忽略。自气相色谱最初出现以来就有学者研究了上述问题，尤其是在填充柱气相色谱中出现的这些问题更值得研究[2]。如果无法确认各种不同极性的溶质在色谱柱上的保留时间和出峰顺序，就可能出现峰识别错误，进而导致最终分析结果错误的严重后果。

对化学家而言，他们面临的问题是：在缺少用于固定相极性定量判别系统的情况下，需要去预测溶质的保留行为。从第 2 章可知调整保留时间（t'_R）与分配常数 K_c 成正比，因此 K_c 可以用来衡量固定相的极性，但分配常数通常情况下是未知的。因此，在本章我们主要基于分子间作用力来讨论固定相的极性。

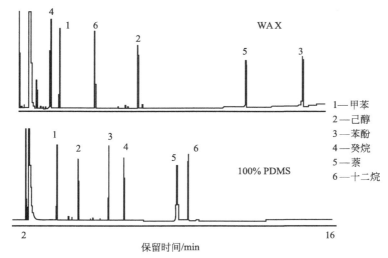

图 5.2　在固定相为 100% 聚二甲基硅氧烷（非极性）和聚乙二醇
（Carbowax® 20M）（极性）的色谱柱上分离烃类和醇
注意出峰顺序的变化以及醇在聚乙二醇柱上的强保留行为

5.1.3　固定相极性和分子间作用力

固定相极性的定义很复杂，不易量化。因为极性是由复杂的分子间作用力决定的，在色谱系统中很难预测。纯液体的极性可以通过其偶极矩来确定，其他物理性质如沸点和蒸气压，可以反映分子间作用力的大小。偶极矩越大，沸点越高，则反映出极性越大，分子间作用力越强。但是，这些参数与纯液体有关，在气液色谱法中，我们感兴趣的是下面两种不同分子间的作用力：气态的溶质和液态的固定相。这种气液分子作用系统很复杂，此时无法用一个单一的数值尺度来衡量所有可能的分子间相互作用。

表 5.2 显示了 GC 中几种常见的范德华力。经典的分子间作用力主要为范德华力和氢键。在范德华力中，色散力存在于所有有机化合物之间，即使是非极性化合物间也是如此。因此，除了采用非极性的烃类化合物做溶质外，色散力都不是重要的分子间作用力。诱导力和取向力使色谱柱固定相具有选择性，并产生了我们前面讨论的极性。然而，一些色谱学者们试图将这些极性影响因子转化为更有用的参数，却没有太大的实用价值。

只有当一个分子中有一个氢原子和一个电负性原子（如氮或氧）发生键合时，氢键的产生才能更好地理解和证明，可以同时给出和接受氢原子而形成氢键的醇和胺就是很好的例子。诸如醚、醛、酮和酯之类的其他分子只能接受质子，而不能给出质子，因此，它们只能与质子供体如醇和胺形成氢键。氢键是相对较强的作用力，因此在色谱分析中非常重要，参与形成氢键的分子通常分为氢键供体和 / 或氢键受体。

表 5.2　范德华力的分类

名称	相互作用	提出者
色散力	感生偶极子 - 感生偶极子	London（1930）
诱导力	偶极子 - 感生偶极子	Debye（1920）
取向力	偶极子 - 偶极子	Keesom（1912）

氢键的形成也可能引起一些不必要的相互作用，例如：溶质因形成氢键而附着在进样口、固相载体和色谱柱管壁上。这些吸附会导致溶质在进样口解吸

过程变慢，从而产生不对称峰（拖尾峰）。通常情况下，可以通过对管壁和固相载体表面上的羟基进行衍生化，来消除这种不对称峰。第 13 章讨论了填充柱固相载体的硅烷化。

从理论上讲，对一个给定的分子而言，无法通过对所有分子间力的综合作用进行计算得到其"极性"值。相反，可以通过经验测量方法和从经验测量中计算出的指数来表示分子的极性。

5.1.4　分离因子 / 选择性和分辨率

对几种性质相似的分析物的有效分辨，是进行色谱分离和选择固定相的目标。第 2 章介绍的选择性（也称为分离因子 α）是测量相对分配常数的参数。其值可以通过色谱图确定。对于两个相邻的峰，分离因子是其相对调整保留时间或它们的保留因子之比，也等于它们的分配常数之比：

$$\alpha = \frac{t'_R(2)}{t'_R(1)} = \frac{k_2}{k_1} = \frac{K_2}{K_1} \tag{5.1}$$

式（5.1）中，数字 2 和 1 分别代表后一色谱峰和前一色谱峰。分离因子 α 也等于两个峰的保留因子之比或分配常数之比。因此，它表示每个溶质分子与固定相之间的相对相互作用，可用于表达相对分子间作用力以及它们的相似性或差异性的大小。实际上，它告诉我们分离这两种溶质分子的难易程度：α 值越大，分离越容易。如果 $\alpha = 1.00$，则表明两个溶质分子在固定相中溶解度一样，也无法分离。总而言之，K_c 和 k 是表示溶质和固定相分子间作用力大小的常数，α 表示在给定固定相上两种溶质分子的溶解度差异。

α 与分辨率之间的关系由式（5.2）给出：

$$R_S = \left(\frac{\alpha-1}{\alpha}\right)\left(\frac{k}{1+k}\right)\sqrt{\frac{N}{4}} \tag{5.2}$$

利用这个方程并作出合理的假设，即可计算出一根性能良好的填充柱能够分离 α 约为 1.1 的两个峰，毛细管柱因具有更多的理论塔板数，可以分辨 α 值更小（小至 1.02 左右）的两个色谱峰。

可以通过改变三个参数 N、k 或 α 中的任何一个来改善色谱分离效果。毛细管色谱柱因柱效高，在确保系统正确运行的情况下来优化 N，然后通过设置合适的温度程序来优化 k，最后根据需要通过更改固定相来优化 α。对于填充柱，α 通常是影响最大的参数。改变选择性通常是通过改变固定相从而改变极性来实现的。也就是说，填充柱的分离效果不佳的问题通常可以通过选择不同的固定相来解决。

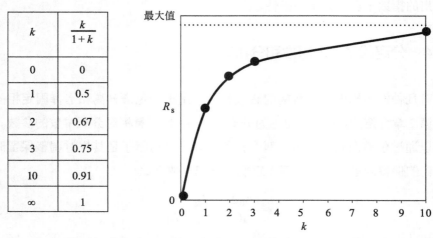

k	$\dfrac{k}{1+k}$
0	0
1	0.5
2	0.67
3	0.75
10	0.91
∞	1

图 5.3　在 α 和 N 保持不变时保留因子（k）对分辨率的影响

k、α 和 N 对分辨率的影响如图 5.3 和表 5.3 所示。图 5.3 通过式（5.2）中的 $[k/(1+k)]$ 项的值显示了 k 的影响。如图 5.3 所示，$[k/(1+k)]$ 的值始终小于 1。当 k 值很小时，k 的微小变化会对 $[k/(1+k)]$ 以及分辨率产生非常大的影响。当 k 值较大时，增加 k（通常是通过降低温度）对分辨率的影响逐渐递减。当 $k>10$ 时，对分辨率的影响几乎可以忽略。

表 5.3 列出了 α 对分辨率的影响。如果假设所需的分辨率为 1.0，则式（5.2）可以转化为式（5.3），从而可计算出所需的塔板数 N_{req}：

$$N_{req}=16\left(\frac{\alpha}{\alpha-1}\right)^2\left(\frac{k+1}{k}\right)^2 \tag{5.3}$$

表 5.3 显示了从 1.01 到 5.00 的几个 α 值的计算结果。可以清楚地看到 α 的影响。当 α 值较低时，需要很高的塔板数。当 α 值较高时，只需较低的塔板数。此外，k 值低于上述范围时，其影响也不可忽略，例如，在 $k<1$ 时，许多分离是不实际的，因为所需的塔板数太高。

表 5.3　分辨率为 1.0 所需的塔板数

k	分离因子 α					
	1.01	1.05	1.10	1.50	2.00	5.00
0.10	19749136	853776	234256	17424	7744	3025
0.50	1468944	63504	17424	1296	576	225
1.00	652864	28224	7744	576	256	100
2.00	367236	15876	4356	324	144	56
5.00	235031	10161	2788	207	92	36

注：根据公式（5.3）计算。

5.1.5　Kovats 保留指数

为了建立一个用于评价固定相极性的尺度，需要采取一种可靠的方法来界定和测量溶质的保留行为。保留体积和保留因子之类的参数似乎很合适，但是它们受太多变量的影响。采用相对值则要好得多，Kovats[3] 最初就定义了一个这样的参数，至今被广泛使用。它使用正构烷烃同系物作为标准，根据该标准，测量目标溶质的调整保留时间。选择正构烷烃不仅因为它们更易得到，还因为其极低的极性和不存在氢键的影响。

将每个正构烷烃的 Kovats 保留指数 I 值指定为其碳原子数的 100 倍，因此，在所有固定液上，正己烷的 I 值为 600，正庚烷的 I 值为 700。烃类同系物在色谱分析中，分子间作用力相对恒定，且分离主要由蒸气压的差异（反映在沸点上）控制。得到的色谱图显示出碳数与调整保留时间之间的对数关系，反映了同系物成员之间的沸点趋势。如图 5.4 所示，在恒温条件下，将调整保留时间（或体积）的对数相对于 Kovats 保留指数作图，呈现出线性关系。

为了获得目标化合物在某色谱柱固定相上的 Kovats 保留指数值，可先对一系列正构烷烃同系物进行色谱分析并绘制出保留指数图，然后在相同色谱条件下分析该化合物，即可从图中确定该化合物的 Kovats 保留指数值。最好是目标化合物的保留时间位于所选的正构烷烃的保留指数之间。如果是在恒流的条件下测定，则可以绘制调整保留时间。此时也可以通过式（5.4）来计算保留指数。

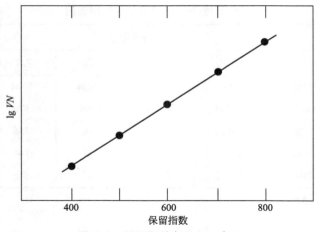

图 5.4　保留指数（Kovats）图

资料来源：Miller[4, p.79]，转载自 John Wiley & Sons

$$I=100\left[\frac{\lg(t'_R)_u-\lg(t'_R)_x}{\lg(t'_R)_{x+1}-\lg(t'_R)_x}\right]+100x \tag{5.4}$$

　　式中，下标 u 代表未知分析物，x 和（$x+1$）分别代表在分析物之前和之后流出的正构烷烃中的碳数。

　　Kovats 保留指数已取代了绝对保留参数成为报告 GC 数据的常用方法。McReynolds[5] 出版了一本 350 个化合物在 2 个温度下和 77 种固定相上的保留指数的参考书。这些数据表明，Kovats 保留指数与温度的关系不大，任何同系物的相邻成员的保留指数值相差约 100 个单位。利用这种近似方法，只要知道某一种化合物的同系物的保留指数，就可以估算出该化合物的保留指数。

　　虽然正构烷烃同系物常被用作建立保留指数的标准物质，但在特定行业中也会使用其他同系物 [6]。例如，有四种不同的同系物保留指数体系已经被提出，并用于表征含氮的酸性和中性药物 [7]，烷基乙内酰脲和烷基甲基乙内酰脲被证明是所研究化合物最可行的保留指数标准。

5.1.6　Rohrschneider‐McReynolds 常数

　　让我们从一个使用 Kovats 保留指数的例子开始，回到有关确定固定相极性的讨论。从 McReynolds[5] 的研究结果中，我们发现甲苯在非极性固定相角鲨烷上的 Kovats 保留指数为 773，在极性更大的固定相邻苯二甲酸二辛酯上的 Kovats 保留指数为 860。两个指数之差 87 则为邻苯二甲酸二辛酯相对于角鲨烷相对极性增加的量，该差值被定义为 ΔI。

Rohrschneider[8] 提出了五种可作为测试探针的化学物质（如甲苯），以比较在角鲨烷（通用非极性标准品）和任何其他固定相上的保留指数。表 5.4 显示了 McReynolds 和 Rohrschneider 所使用的测试探针分子。

表 5.4 Rohrschneider 和 McReynolds 使用的测试探针分子

使用的测试探针分子	
Rohrschneider	McReynolds
苯	苯
乙醇	正丁醇
2- 丁酮（MEK）	2- 戊酮
硝基甲烷	硝基丙烷
吡啶	吡啶
	2- 甲基 -2- 戊醇
	碘代丁烷
	2- 辛炔
	1,4- 二氧六环
	顺式氢化物

所有五个探针分子均在角鲨烷固定相和待测固定相上分别进行色谱分析，测试得到五个 ΔI 值。每个 ΔI 值都可用于衡量各探针分子与待测固定相之间的分子间作用力的大小，同时它们也指示了待测固定相极性大小。有关此过程的更多详细信息，请参见 Supina 和 Rose 发表的论文 [9]。

1970 年，McReynolds[10] 又进行了更深入的研究。他认为 10 个探针分子应该比 5 个更好，而且最初的 5 个探针分子中的一些应该用高碳数的同系物来代替。但是，采用 10 个探针分子就会得到 10 个 ΔI 值，数值过多使用起来不方便。大多数保留指数汇编中都只列出 5 个 Rohrschneider-McReynolds 值。表 5.5 给出了 13 个固定相的 ΔI 值。

McReynolds 常数在衡量固定相极性时是否有用？表 5.5 是各探针分子在不同固定相与角鲨烷上的保留指数差值 ΔI，其平均值大小代表了固定相极性大小，可以看出，从上到下各固定相的极性增加。但是极性到底是多少呢？这就是该系统不足的地方。任何一个值都可以指示相应探针分子与固定相相互作用的强弱。例如，正丁醇在磷酸三甲苯酯上的 ΔI 值异常高，表明磷酸三甲苯酯与醇的相互作用很强，很可能是形成了氢键而导致的。

表5.5　某些常见固定相的 McReynolds 常数和温度限值

固定相	探针[①]					温度限值	
	Benz	Ale	Ket	N - Pr	Pyrid	低	高
角鲨烷	0	0	0	0	0	20	125
Apolane 87®	21	10	3	12	25	20	260
OV-1®	16	55	44	65	42	100	375
OV-101®	17	57	45	67	43	20	375
Dexsil 300®	41	83	117	154	126	50	450
OV-17®	119	158	162	243	202	20	375
磷酸三甲苯酯	176	321	250	374	299	20	125
QF-1	144	233	355	463	305	0	250
OV-202® 和 OV-210®	146	238	358	468	310	0	275
OV-225®	228	369	338	492	386	20	300
Carbowax 20M®	322	536	368	572	510	60	225
DEGS	492	733	581	833	791	20	200
OV-275®	629	872	763	1106	849	20	275

注：® ＝注册商标。
① Benz，苯；Ale，正丁醇；Ket，2-戊酮；N-Pr，硝基丙烷；Pyrid，吡啶。

由于质谱仪被广泛用于定性分析，因此 McReynolds 常数现在已不再常用。但从其发展历史上看，McReynolds 常数在过去还是具有较大的用途，如下面的例子：OV-202 和 OV-210 的固定相都是三氟丙基甲基聚硅氧烷，从表5.5 可以看出两者具有相同的值，表明这两种固定相的聚合物相同，只是链长和黏度不同（对极性影响很小）。这种比较方法在气相色谱发展的早期很重要，尤其是用新的聚合物固定相代替旧聚合物固定相时，例如 OV-210 取代了 QF-1。McReynolds 常数可以证明它们具有等效性。这种方法也为当今评估高极性离子液体色谱柱极性提供了很好的标尺。

这五个 McReynolds 常数的总和也已被用于验证含苯基的硅氧烷聚合物固定相中，因苯基百分比的增加而使固定相极性相应增加。图5.5 是一个精油样品在两根色谱柱上分离得到的色谱图，通过 McReynolds 常数可以确定它们的极性相似。虽然这些例子表明了该方法具有一定的实用性，但很显然我们仍然缺乏真正的科学系统的方法来为给定的分离选择最合适的固定相。

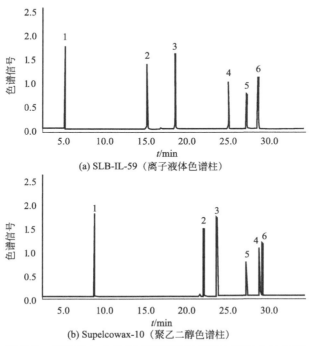

图 5.5　挥发性化合物在两根极性相似的色谱柱上的分离

色谱峰：1—柠檬烯；2—芳樟醇；3—*E*- 石竹烯；4—橙花醇乙酸酯；5—橙花醛；6—香叶醇

资料来源：经 Ragonese 等 [11] 许可转载，美国化学会 2011 年版权所有

5.1.7　其他相关研究

还有一些研究团队试图通过使用各种理论方法来完善或扩展 McReynolds 的经验数据。大部分研究团队都认为只需三至四种分子间力就足以表征固定相的极性，例如：色散力、偶极相互作用力以及一至两种类型的氢键作用力。总体上讲，这类研究工作对选择固定相的过程影响不大，在此不再赘述。如需更多信息请参考 Hartkopf[12,13]、Hawkes 等 [14-17]、Snyder[18,19]、Figgins 等 [20] 和 Li 等 [21] 的著作。

5.2 常见的重要固定相

角鲨烷作为具有最小极性的固定相已经在前面进行了讨论，它是一种饱和烃，分子式为 $C_{30}H_{62}$，分子结构如图 5.6 所示。它的温度上限仅为 125℃，因此，通常采用一种含 87 个碳原子的分子量更高的烷烃 Apolane 87（分子式 $C_{87}H_{176}$）来代替角鲨烷，尽管其极性稍强一些（见表 5.5）。

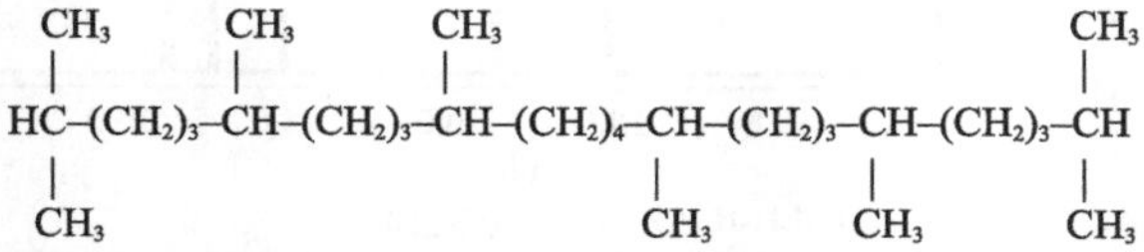

$$\underset{\overset{|}{CH_3}}{\overset{\overset{CH_3}{|}}{HC}}-(CH_2)_3-\underset{\overset{|}{CH_3}}{CH}-(CH_2)_3-\underset{}{CH}-(CH_2)_4-\underset{\overset{|}{CH_3}}{CH}-(CH_2)_3-\underset{\overset{|}{CH_3}}{CH}-(CH_2)_3-\underset{\overset{|}{CH_3}}{CH}$$

图 5.6 角鲨烷的结构（一种饱和的、高度支化的 C_{30} 烷烃）

硅氧烷聚合物具有良好的温度稳定性，目前，经过改性的硅氧烷聚合物在常用的固定相中占主导地位。通过改变硅氧烷聚合物上极性基团（如苯基和氰丙基）的百分比，来达到改变固定相极性的目的，从而获得一系列的不同极性的色谱柱。极性最小的是 PDMS 固定相，其结构如图 5.7 所示，它最初由 Ohio Valley Specialty Chemical 公司生产，商品命名为 OV-1 和 OV-101，前者是树胶状，后者是液体状。两者都包含在表 4.4 中列出的硅氧烷固定相的完整系列中。

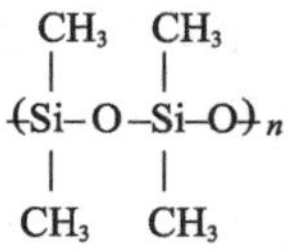

$$\underset{\underset{CH_3}{\overset{|}{\underset{|}{}}}}{\overset{\overset{CH_3\ CH_3}{|\ \ |}}{(Si-O-Si-O)}}_n$$

图 5.7 OV-1® 聚二甲基硅氧烷（PDMS）聚合物的结构

从 McReynolds 常数（表 5.5）可以看出，OV-1 和 OV-101 具有基本相同的极性，并且极性比 Apolane 87 略强。随着聚合物上的甲基被极性更强的苯基和氰丙基取代，固定相的极性增加，McReynolds 常数的增加证明了这一点。表 5.6 列出了其他制造商用于这些聚合物的一些替代名称。表 5.7 列出了通常用作 GC 固定相的常见硅氧烷聚合物的物理性质和结构。

表 5.6　与硅氧烷聚合物等效的固定相的替代名称

Ohio Valley 编号	其他命名 / 编号					
OV-1, OV-101	SP-2100	SPB-1	DB-1	HP-1	SE-30	DC-200
OV-73	—	SPB-5	DB-5	HP-5	SE-52	SE-54
OV-17	SP-2250	SPB-50	DB-17	HP-17	—	—
OV-202, OV-210	SP-2401	—	DB-210	—	—	QF-1
OV-275	SP-2340	—	—	—	—	CP-Sil 88

按照 McReynolds 值增加的顺序。另请参阅表 5.5。

表 5.7　常见的硅氧烷聚合物固定相的物理性质和结构

名称	类型	结构	溶剂	温度上限 /℃	黏度
OV-1	二甲基硅氧烷	$\begin{bmatrix} & CH_3 \\ -Si-O- \\ & CH_3 \end{bmatrix}_n$	甲苯	325 ～ 375	胶状
OV-101	二甲基硅氧烷	$\begin{bmatrix} & CH_3 \\ -Si-O- \\ & CH_3 \end{bmatrix}_n$	甲苯	325 ～ 375	1500
OV-3	含 10% 苯基的苯甲基二甲基硅氧烷	$\begin{bmatrix} CH_3 \\ -Si-O- \\ Ph \end{bmatrix}_n \begin{bmatrix} CH_3 \\ -Si-O- \\ CH_3 \end{bmatrix}_m$	丙酮	325 ～ 375	500
OV-7	含 20% 苯基的苯甲基硅氧烷	$\begin{bmatrix} CH_3 \\ -Si-O- \\ Ph \end{bmatrix}_n \begin{bmatrix} CH_3 \\ -Si-O- \\ CH_3 \end{bmatrix}_m$	丙酮	350 ～ 375	1300
OV-11	含 35% 苯基的苯甲基硅氧烷	$\begin{bmatrix} CH_3 \\ -Si-O- \\ Ph \end{bmatrix}_n \begin{bmatrix} CH_3 \\ -Si-O- \\ CH_3 \end{bmatrix}_m$	丙酮	325 ～ 375	500
OV-17	含 50% 苯基的苯甲基二甲基硅氧烷	$\begin{bmatrix} CH_3 \\ -Si-O- \\ Ph \end{bmatrix}_n$	丙酮	325 ～ 375	1300
OV-61	二苯基二甲基硅氧烷	$\begin{bmatrix} Ph \\ -Si-O- \\ Ph \end{bmatrix}_n \begin{bmatrix} CH_3 \\ -Si-O- \\ CH_3 \end{bmatrix}_m$	丙酮	325 ～ 375	＞ 50000
OV-73	二苯基二甲基硅氧烷	$\begin{bmatrix} Ph \\ -Si-O- \\ Ph \end{bmatrix}_n \begin{bmatrix} CH_3 \\ -Si-O- \\ CH_3 \end{bmatrix}_m$	甲苯	325 ～ 350	胶状
OV-22	苯甲基二苯基硅氧烷	$\begin{bmatrix} Ph \\ -Si-O- \\ Ph \end{bmatrix}_n \begin{bmatrix} CH_3 \\ -Si-O- \\ CH_3 \end{bmatrix}_m$	丙酮	350 ～ 375	＞ 50000
OV-25	苯甲基二苯基硅氧烷	$\begin{bmatrix} Ph \\ -Si-O- \\ Ph \end{bmatrix}_n \begin{bmatrix} CH_3 \\ -Si-O- \\ Ph \end{bmatrix}_m$	丙酮	350 ～ 375	＞ 100000
OV-105	氰丙基甲基二甲基硅氧烷		丙酮	275 ～ 300	1500

名称	类型	结构	溶剂	温度上限 /℃	黏度
OV-202	三氟丙基甲基硅氧烷	$\left[\begin{array}{c} CH_3 \\ -Si-O- \\ C_2H_4 \\ CF_3 \end{array}\right]_n$	氯仿	250～275	500
OV-210	三氟丙基甲基硅氧烷	$\left[\begin{array}{c} CH_3 \\ -Si-O- \\ C_2H_4 \\ CF_3 \end{array}\right]_n$	氯仿	275～350	10000
OV-215	三氟丙基甲基硅氧烷		乙酸乙酯	250～275	胶状
OV-225	氰丙基甲基苯甲基硅氧烷	$\left[\begin{array}{cc} CH_3 & CH_3 \\ -Si-O-Si-O- \\ C_2H_3 & Ph \\ C\equiv N \end{array}\right]_n$	丙酮	250～300	9000
OV-275	二氰基烯丙基硅氧烷		丙酮	250～275	20000
OV-330	硅氧烷聚乙二醇共聚物		丙酮	250～275	500
OV-351	聚乙二醇硝基对苯二甲酸		氯仿	250～275	固体
OV-1701	二甲基苯基氰基取代的聚合物		丙酮	300～325	胶状

资料来源：经 Ohio Valley Specialty Chemical 公司许可复制。

5.3 其他常见固定相

尽管上面的表格中已经提供了各种类型的硅氧烷聚合物固定相，但在实际色谱分析过程中，这些固定相种类依然不足以满足人们追求更高极性和 / 或更高操作温度的需求。

5.3.1 聚乙二醇

与硅氧烷聚合物相比，聚乙二醇聚合物能够形成氢键，可以满足实际工作中对更高极性固定相的一些需求。聚乙二醇聚合物的结构如图 5.8 所示，名称中的数值代表了聚合物的近似分子量。例如，Carbowax® 20M 的分子量约为 20000，是目前商用色谱柱中分子量最高的固定相，该固定相用在填充柱中使用温度可达 225℃，用在一些键合毛细管柱中使用温度可达到 280℃。

$$HO \xleftarrow{} CH_2 \text{---} CH_2 \text{---} O)_{n} \text{---} H$$

图 5.8　平均分子量为 20000 的聚乙二醇固定相 Carbowax 20M® 的结构

5.3.2　室温离子液体

在 21 世纪之交，化学家发现了一种具有非常低蒸气压的低熔点盐，即所谓的室温离子液体（RTIL）。因其具有一些优异的性能，色谱工作者尝试将其作为色谱柱的固定相，2008 年首批商品化的离子液体色谱柱问世。其中大多数离子液体由含氮阳离子（如咪唑锇离子或吡啶锇离子）与无机阴离子组成，如六氟磷酸盐或四氟硼酸盐等。Armstrong 等 [22-24] 发现，有些离子液体具有双重性质，既可以作为极性固定相也可以作为非极性固定相，甚至可用于手性分离 [25]。现在预测它们的使用会有多广泛还为时过早。

5.3.3　推荐的固定相

实际色谱分析过程中，通常尽可能采用最少数量的色谱柱来解决最常见的分离问题。开管柱的效率很高，因此只需要很少的色谱柱即可。但是通常有两到四种不同的固定相，以及几种不同的膜厚和柱长。在本书填充柱和毛细管柱的章节中提供了一些更具体的信息。

5.3.4　固定相的选择

从前面的讨论中可以清楚地看出，目前还没有找到方便系统的规则来指导选择色谱柱的固定相，我们当然不能仅仅通过 McReynolds 常数来进行决策。用本章开头的那句常用术语就是"相似相溶"。也就是说，对于非极性混合物，选择非极性固定相，而对于极性混合物，则选择一个极性固定相。

当我们试图分离一些像同分异构体一样的具有相似性质的化合物时，就会出现例外情况。例如，二甲苯的几种异构体都是非极性的且具有相似的沸点，正因为它们的沸点或极性差异不大，选择非极性的固定相时，分离效果不理想。相反，为了突出几种异构体之间极性上的细微差异，我们需要选择极性的固定相来进行分离，例如 DB-WAX®。图 5.9 清楚地显示了二甲苯的几种异构体在这种极性柱上获得的良好分离情况。

对于开管柱而言，固定相的选择就不那么关键了。常规色谱分析通常可以选择柱长为 15m 的膜厚为 0.25μm 的 PDMS（聚二甲基硅氧烷）色谱柱（OV-101）。同样，极性更高的硅氧烷聚合物固定相（如氰基衍生物，OV-225）则更有利于分析组分极性更高的样品。同样，选择极性的聚乙二醇固定相 Carbowax 20M® 也是合理的，即便这类色谱柱容易被氧化且使用寿命相对较短。

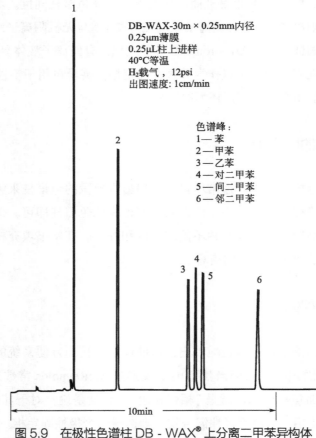

图 5.9　在极性色谱柱 DB‐WAX® 上分离二甲苯异构体

资料来源：Miller [4, p.103]，转载自 John Wiley & Sons, Inc

选择固定相的最后一个考虑因素是其温度限制。在固定相的温度上限时，固定液的蒸气压过高，会从色谱柱中流出，从而产生高背景检测信号。在温度上限运行也会导致色谱柱的寿命大大缩短，而且由于柱流失导致色谱柱性能变差。本章和第 4 章中展示的常见固定相表格都包含了它们的温度上限。随着温度升高，色谱柱流失现象严重，固定相上的聚合物会发生降解和蒸发。色谱柱的真正上限通常是由最终确度的色谱分析方法中可以容许的基线漂移量决定的。温度下限通常是聚合物的凝固点或玻璃化转变温度。一个经典的例子是 Carbowax® 20M，它在室温下为固体，熔点约 60℃，此温度即为其温度下限。

参考文献

[1] Barry, E. F. and Grob, R. L. (2006). *Columns for Gas Chromatography*: *Performance and Selection*. New York: John Wiley and Sons.

[2] Miller, J. M. (1964). *J. Chem. Educ.* 41: 413.

[3] Kovats, E. S. (1958). *Helv. Chim. Acta*. 41: 1915.

[4] Miller, J. M. (1987). *Chromatography*: *Concepts and Contrasts*. New York: John Wiley & Sons.

[5] McReynolds, W. O. (1966). *Gas Chromatographic Retention Data*. Evanston, IL: Preston Technical Abstracts.

[6] Blomberg, L. G. (1987). *Advances in Chromatography*, vol. 26 (ed. J. C. Giddings). New York: Marcel Dekker, Chapter 6.

[7] Rasanen, I., Ojanpera, I., Vuori, E., and Hase, T. A. (1996). *J. Chromatogr. A* 738: 233.

[8] Rohrschneider, L. (1966). *J. Chromatogr*. 22: 6.

[9] Supina, W. R. and Rose, L. P. (1970). *J. Chromatogr. Sci.* 8: 214.

[10] McReynolds, W. O. (1970). *J. Chromatogr. Sci.* 8: 685.

[11] Ragonese, C., Sciarrone, D., Tranchida, P. Q. et al. (2011). *Anal. Chem.* 83: 7947-7954.

[12] Hartkopf, A. (1974). *J. Chromatogr. Sci.* 12: 113.

[13] Hartkopf, A., Grunfeld, S., and Delumyea, R. (1974). *J. Chromatogr. Sci.* 12: 119.

[14] Hawkes, S., Grossman, D., Hartkopf, A. et al. (1975). *J. Chromatogr. Sci.* 13: 115.

[15] Burns, W. and Hawkes, S. (1977). *J. Chromatogr. Sci.* 15: 185.

[16] Chong, E., deBriceno, B., Miller, G., and Hawkes, S. (1985). *Chromatographia* 20: 293.

[17] Burns, W. and Hawkes, S. J. (1977). *J. Chromatogr. Sci.* 15: 185.

[18] Snyder, L. R. (1978). *J. Chromatogr. Sci.* 16: 223.

[19] Karger, B. L., Snyder, L. R., and Eon, C. (1978). *Anal. Chem.* 50: 2126.

[20] Figgins, C. E., Reinbold, B. L., and Risby, T. H. (1977). *J. Chromatogr. Sci.* 15: 208.

[21] Li, J., Zhang, Y., and Carr, P. (1992). *Anal. Chem.* 64: 210.

[22] Armstrong, D. W., He, L., and Liu, Y. -S. (1999). *Anal. Chem.* 71: 3873.

[23] Anderson, J. L. and Armstrong, D. W. (2003). *Anal. Chem.* 75: 4851-4858.

[24] Lambertus, G. R., Crank, J. A., McGuigan, M. E. et al. (2006). *J. Chromatogr. A* 1135: 230-240.

[25] Ding, J., Welton, T., and Armstrong, D. W. (2004). *Anal. Chem.* 76: 6819-6822.

第6章

程序升温

程序升温气相色谱法（TPGC）是指在样品分析过程中色谱柱温度按照设定的程序不断增加的色谱分析方法。这是一种非常有效的分析方法，常用于分析一些新样品。毛细管气相色谱法大多采用程序升温法。在详细描述 TPGC 之前，我们须先了解柱温升高对气相色谱分析结果的影响：

① 保留时间缩短和保留体积减小。

② 保留因子降低。

③ 选择性（α）发生变化（通常降低）。

④ 分离效率（N）略有提高。

温度对色谱分离效率的影响相当复杂[1]，而且分离效率并不总是随着温度的升高而增加。通常情况下温度对分离效率的影响较小，相比之下，温度对色谱柱的热力学因素（选择性和保留因子）的影响更大。总的来说，温度效应对气相色谱分析结果的影响非常显著，因此，TPGC 是一种非常有效的分析方法。

如果用于 GC 分析的样品中包含的组分蒸气压（沸点）范围很广，通常情况下很难选择到一个合适的恒温分析温度。如图 6.1（a）所示的煤油样品，需要对较宽沸点范围的同系物进行分离。将温度设定在 150℃下进行等温分析时，一些较轻的组分（$< C_8$）很难获得完全分离，而碳数高于 C_{15} 的烷烃色谱峰则需要在 90min 以后才能流出，尽管 C_{15} 色谱峰看起来像是最后一个峰。即便如此，150℃依然是该样品分离的最佳等温温度。

然而，采用程序升温方法则可以大大改善样品的分离效果。图 6.1（b）展示了该样品在程序升温条件下的分离情况，方法设定的初始温度为 50 ℃ [低于图 6.1（a）中使用的等温温度]，以 8℃/min 的速率升到 250℃ [高于图 6.1（a）中的等温温度]。在分析过程中温度的增加会降低分析物在色谱柱上的分配系数，因此它们在色谱柱中的移动速度更快，从而缩短了保留时间。

上述两种分析方法之间的主要差异较好地解释了 TPGC 的特性。对于同系物而言，在等温条件下保留时间与碳数呈对数关系，但在程序升温时它们是线性关系。程序升温方法有利于低沸点烷烃的分离，很容易分离出 C$_8$ 烷烃之前的几个峰，检测到烷烃的数量有所增加，C$_{15}$ 峰的流出速度也要快得多（大约 21min），而且它不是最后一个峰，后面还有另外 6 种高碳数的烷烃流出。在 TPGC 中，所有的峰宽几乎都是相等的；在恒温分析中，较早流出的色谱峰更尖锐。与恒温分析相比，TPGC 分析中的峰宽没有增加，因此较晚流出的高碳数化合物的峰高增加（峰面积恒定），从而更容易被检测。下一节总结了 TPGC 的优缺点。

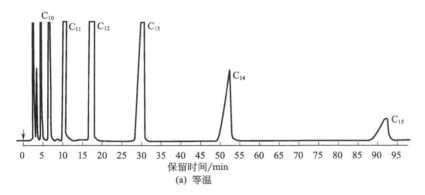

(a) 等温

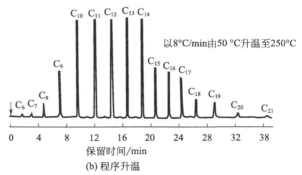

(b) 程序升温

图 6.1　正构烷烃的等温和程序升温分离的比较

6.1 程序升温气相色谱的优缺点

6.1.1 优点

① 良好的检测工具（快速）。

② 复杂样品的分析时间更短。

③ 对宽沸点范围的样品具有良好的分离效果。

④ 检测限更低、峰形更尖锐、精密度提高，尤其对出峰较晚的化合物而言。

⑤ 有利于减少柱残留。

6.1.2 缺点

① 在较高温度下会有噪声信号。

② 固定相具有温度上限。

③ 在两次运行之间色谱柱需要降温，浪费时间。

图 6.2 展示了采用 TPGC 法优化样品分离的另一个应用示例，通过程序升

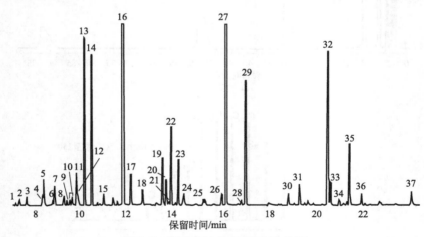

图 6.2 薰衣草油的 TPGC 法分析

资料来源：Phenomenex 公司提供

色谱柱：zebron™ ZB-1，GC 柱 30m×0.25mm×0.25m；炉温：40℃（1min）以 5℃/min 升温至 190℃（3min）；载气：恒流，氦气，1.5mL/min；进样：在 43℃时进样 10.1μL；检测器：质谱（msd）（240℃）

温法可在最短时间内得到最佳分离效果。值得注意的是在色谱图中出峰较早和较晚部分的峰间距都非常小，此处的程序升温采用的是一个温度梯度，有时为了获得更好的分离效果，我们也可以采用几个温度梯度。

程序升温方法对新样品的分析非常有利，可以在最短的时间内获得关于样品组成的最大数量的信息。通常情况下，人们可以判断出整个样品组分全部流出所需要的大致时间，而等温操作通常很难做出这一判断。

6.2 程序升温气相色谱的要求

TPGC 需要比等温 GC 具有更多功能。主要要求是：

① 干燥，高纯度载气。

② 用于快速加热和冷却的低热量柱箱。

③ 能够达到高炉温；精确的温度控制器。

④ 载气黏度随温度升高而增加。

⑤ 适用于高温的固定相。

最重要的是能够在保持检测器和进样口温度恒定的情况下，控制柱箱中程序升温的能力。需要一个电子温度控制器，炉箱质量轻，风扇体积大，并且通向外部空气的通风口也由电子温度控制器控制。

三个区域的电子压力控制（EPC）在大多数仪器上都具备，它比机械调节器具有更多优势 [2]。EPC 可以通过编程的方式在色谱分析过程中增加柱头压力，从而在 TPGC 分析期间产生恒定的柱流速。它是一个主动控制系统，与机械系统不同，它没有"记忆"效应或对调整的过度敏感。EPC 几乎可以立即使压力稳定，因此它可以校正环境温度和压力的变化，从而确保保留时间可重现。由于不需要流量测量，它也简化了检测器气体流量的设置。EPC 的时间可编程性允许使用特殊模式，例如脉冲不分流进样。

对载气和固定相的要求。如 TPGC 仪器清单所示，载气必须干燥，以防止水（和其他挥发性杂质）在冷柱头处积聚（在分析开始之前），因为这种情况将在 TPGC 运行期间产生鬼峰。解决这个问题的一个常见方法是在仪器前的气体管线中插入一个 5Å 分子筛干燥器。

表 6.1　TPGC 中的固定相及其温度适用范围

项目	固定相	温度范围 /℃
非极性	DB-1	−60 ～ 360
	DB-5®	−60 ～ 360
极性	DB-1701®	−20 ～ 300
	DB-210®	45 ～ 260
	DB WAX®	20 ～ 250

TPGC 对固定相的要求：

① 具有较宽的温度范围（200℃），且在整个温度范围内固定相的蒸气压较低。

② 在低温下具有合适的黏度。

③ 具有选择性溶解度。

表 6.1 中列出了满足上述要求的固定相。关于固定相的更多细节见第 4 章和第 5 章。

6.3　程序升温色谱图举例

本节展示并讨论了几个程序升温色谱图，对于如何使用 TPGC 开发样品分析方法提供了较好的示例。如前所述，选择一种非极性的硅氧烷固定相通常是开发一个新的样品分析方法的良好起点。一旦选择好了固定相，可以先按照如下温度程序运行样品分析：初温 40℃，以 20℃ /min 速率升到色谱柱可使用的最高温度（或预期能解吸所有分析物的温度），保留 5min。图 6.3 是按照此温度程序将终温设置为 250℃并保留 5min 的色谱图，色谱柱为 Rtx-5（5% 苯基聚二甲基硅氧烷）（30m×0.25mm×1mm）。测试样品为 Grob 试剂，如第 4 章所述，在 HP（现为安捷伦科技公司）5890 GC 和 5972 质谱上以全扫描模式运行。由于 30m 柱具有较高的分辨率，大多数化合物色谱峰完全分离。色谱图上保留时间约为 14.5min 的小峰是杂质峰。当运行程序升温时，注意确保所有峰（包括分析物和杂质）都能完全流出。

在 7 ～ 8min 之间，色谱图中心的几个峰未完全分离。图 6.4 是这几个峰的放大图。可以看到在 7.4min 时出现轻微畸形的峰（用星号表示），而且这两个峰没有完全分离。畸形峰通常被视为两个分析物色谱峰的重叠。在 GC-MS 全扫描模式下，通过获取峰上多个点的质谱图，可以很容易地检验峰重叠的可能性。如果其中一个或多个点的质谱图不同，则可能出现峰重叠。

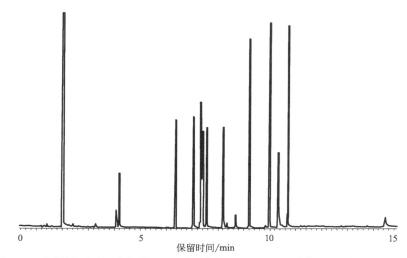

图6.3 色谱柱测试混合物（Grob 试剂）的程序升温分离（色谱条件见文中所述）

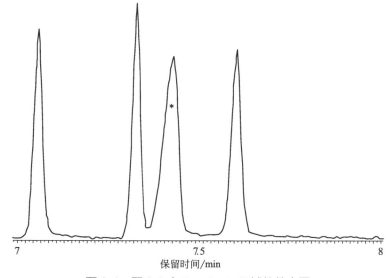

图6.4 图6.3 中 7 ~ 8min 区域的放大图

如果将上述分析的温度梯度改变为更小的温度梯度（较慢的升温速率），可以提高色谱峰的分辨率。图 6.5 展示了同一测试混合物在相同条件下的色谱图，只是程序升温速率变为 10℃/min。从图中可以看到色谱峰的分辨率更高，但分析时间增加为 26min。在色谱图末尾有两个额外的小峰，保留时间约为 22min 和 23min，其中一个峰很尖锐，是样品中的杂质峰，第二个宽峰很可能是上一次进样的"鬼峰"，因为它比色谱图中的其他任何一个峰都宽得多。这种类型的谱带扩宽通常是由于分析物在两次运行之间长时间保留在色谱柱中而引起的。

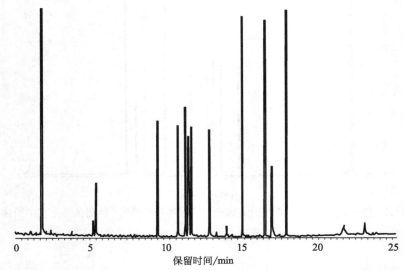

图 6.5　与图 6.3 相同的测试混合物的程序升温色谱图（程序升温速率为 10℃/min）

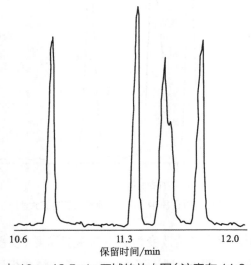

图 6.6　图 6.5 中 10～12.5min 区域的放大图（注意在 11.6min 处的重叠峰）

图 6.6 展示了图 6.5 中 10 ～ 12.5min 区域的放大图，这些色谱峰与图 6.3 中的峰相同，现在可以看到重叠峰获得了部分分离。在 GC-MS 中，这种部分分离可能已经足够了，因为可以从全扫描数据中提取单个离子色谱图或通过选择离子监测模式，来监测每个分析物的单个特征质量，分别分析每个共流出化合物的单独信号。

图 6.7 说明了开发程序升温方法时面临的挑战。为了更充分地分辨重叠峰对，下一个合理途径是进一步降低升温速率。图 6.7 显示了与图 6.3 相同的测试混合物在升温速率为 5℃/min 时的分离情况。可以看到分析时间进一步延长（现在是 46min），在 40min 流出的小峰是杂质峰。观察 17 ～ 20min 的区域，可以看到之前重叠的峰。图 6.5 和图 6.6 中的五个峰值现在看来是四个峰值，就像在图 6.3 和图 6.4 中看到的一样。

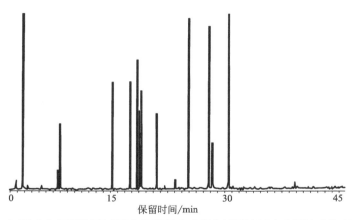

图 6.7　与图 6.3 相同的测试混合物的程序升温色谱图（程序升温速率为 5℃/min）

图 6.8 展示了图 6.7 中 16.5 ～ 19min 区域的放大图。可以看到现在有四个峰，最后的峰现在似乎呈现出不对称的形状。对 18.6min 的色谱峰的起点、顶点和终点的质谱测试表明，在放大图中，峰重叠现象移动到了最后两个峰。还要注意运行结束时较长的基线。

毛细管柱程序升温气相色谱在分离科学中提供了无与伦比的分辨率。方法开发通常从快速分析开始，然后降低升温速率以获得所需的分辨率。随着条件的改变，色谱峰的识别确认很重要，因为保留时间随温度的变化是基于分析物和固定相之间的特定分子间相互作用。图 6.4、图 6.6 和图 6.8 中重叠峰的移动

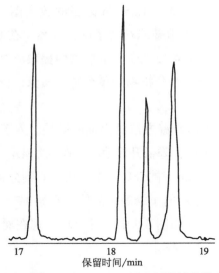

图 6.8　图 6.7 中 16.5 ~ 19min 区域的放大图

证明了这一点。在方法开发中，需要在速度和分辨率之间进行权衡。通常，如果需要更高的分辨率，则会因较低的升温速率而使分析速率变慢。本章后面讨论的计算机模拟可用于辅助实际样品分析过程中的程序升温方法开发和优化。

6.4　专题介绍

在本节中将简要讨论与程序升温有关的一些问题。

6.4.1　定量分析

本章提供的数据清楚地表明了 TPGC 对各峰大小和形状的影响。这可能会让大家得出 TPGC 不适合定量分析的结论，但事实并非如此。

表 6.2 是分别采用 TPGC 和等温 GC 分析正构烷烃混合物得到的数据。当用两种方法中的任一种进行定量方法校正时，得到的结果在 TPGC 和等温 GC 之间没有显著差异。即使在色谱柱程序升温操作过程中，现代仪器也完全有能力确保检测器的恒温，这样检测器的定量就不会受到柱温变化的影响。

表 6.2　典型定量数据比较

样品	质量百分比		
	实际	等温	TPGC
癸烷	11.66	11.54	11.66
十一烷	16.94	16.91	17.07
十二烷	33.14	33.17	33.17
十三烷	38.26	38.38	38.12

6.4.2　低温操作

有些色谱仪配有可在低于环境温度下操作的炉温箱，从而扩大了温度程序的范围。在 Brettell 和 Grob[3] 对低温气相色谱的综述文章中可以找到一些例子。

6.4.3　高温气相色谱

一直以来，人们都有兴趣将 GC 分析的温度上限发展到尽可能最高的温度。一些商用仪器的柱温箱和检测器的温度上限为 400℃，很少有色谱柱可以耐受如此高的温度。但有研究报道了将色谱柱最高温度设定为 400℃，这项研究提出了一种称为高温气相色谱（HTGC）的特殊技术，其常规分析的柱温都超过了 325℃ [4]。

根据现有的 GC 理论知识，在高温气相色谱中，采用了一种短的薄膜毛细管柱。进样方法是 HTGC 最困难也是最受关注的方面，传统的分离 / 不分离进样方法对开管柱不再适合，因为在样品气化过程中会发生对高沸点组分的歧视现象。虽然柱上进样技术可以避免上述问题，但极易导致色谱柱入口端严重污染。在常温 GC 分析中表现良好的程序升温进样方法，已被证明是 HTGC 的理想选择 [4]。

将进样口温度设置为 600℃，样品中的高分子量组分即可成功导入毛细管完成进样。例如，参考文献 [4] 报道了对平均分子质量为 1000Da 的聚乙烯标准物的分析，以及对分子量约为 1500、碳数为 100 的聚合物的成功分离和检测。更多分析细节见参考文献 [4] 及其引用的参考文献。在本书第 14 章中关于快速 GC 的讨论中也会有相关内容。

6.4.4　计算机模拟

有几种计算机程序可用于优化 TPGC 方法。通常这些都需要用户对样品进行初步的等温分析或程序升温分析，然后将这些分析数据和条件输入到程序中。然后，这些程序可以根据 GC 的基本热力学理论（在第 2 章中已进行简要描述）来预测用户选择其他温度程序时的分析结果。下面举一些例子进行简要讨论。

方法翻译软件可从多家供应商处获得 [5,6]。这些程序使用已有的色谱分析条件和数据，建立好一个模拟方法，允许用户通过改变色谱分析条件（如温度程序、流速或色谱柱尺寸）而获得模拟的结果，但这些程序不能模拟因固定相化学组成变化对结果产生的影响。例如，它们可以进行如下模拟：将一个分析时间为 30min 的色谱方法获得的数据输入程序中，程序可以模拟出一个具有相同峰间距、分析时间仅为 5min 色谱方法所需的条件。网上提供了一套完整的 GC 方法开发模拟程序，现在可以在线免费获得 [7]。

参考文献

[1]　Harris, W. E. and Habgood, H. W. (1964). *Talanta* 11: 115.

[2]　Hinshaw, J. V. (2014). *LC-GC North America* 32(10): 786-795. See also Agilent Pressure/Flow Calculator https: //www. agilent. com/en/support/gas-chromatography/gccalculators. Accessed November 2018).

[3]　Brettell, T. A. and Grob, R. L. (1985). *Am. Lab*. 17(10): 19 and (11): 50.

[4]　van Lieshout, H. P. M., Janssen, H. G., and Cramers, C. A. (1995). *Am. Lab*. 27 (12): 38.

[5]　"GC Method Translation Software." https: //www.agilent. com/en/support/gas-chromatography/gcmethodtranslation (accessed 7 March 2018).

[6]　"EZ-GC Method Translator. " http: //www. restek. com/ezgc-mtfc(accessed 7 March 2018).

[7]　"Pro EZGC Chromatogram Modeler. " https: //www. restek. com/proezgc(accessed March, 2019).

第 **7** 章

进样口

毛细管柱对样品进样有非常严格的要求，如：进样曲线应非常窄（快速进样），进样量应非常小，通常小于 1μg。典型的 25m 毛细管柱内壁含有约 10mg 液相，而 6ft 填充柱为 2 ~ 3g。这就解释了为什么毛细管柱只允许非常小的进样量，是为了避免柱"过载"。

在毛细管气相色谱中，色谱峰通常很窄，峰宽只有几秒或更短，因此需要非常快速地进样，以尽量减少缓慢进样导致的峰展宽。毛细管气相色谱中使用的进样技术有很多，Grob（2007）[1] 所编写的书中都是对进样技术的讨论，但这里我们只讨论最常见的进样技术。

7.1 进样口的基本原理

毛细管气相色谱的所有进样口都是基于解决以下三个基本问题：进样用的注射器的物理尺寸、最大进样量和进样峰宽。因此，毛细管气相色谱的进样口必须能够满足以下要求：

① 兼容进样针或其他进样装置。

② 毛细管柱中的固定相含量非常低，因此进样口必须允许少量样品的进样。

③ 在柱头处提供非常窄的初始注入带，在色谱分析过程中，峰宽不会变得更窄。

④ 允许足够量的待测物经过分离后进入检测器，以便在检测器中得到较强的信号。

有四种进样口设计可不同程度地解决这些问题：分流、不分流、冷柱头和程序升温气化（PTV）。对于以上的问题，每种进样技术都有其优缺点[2]。表 7.1 总结了不同进样技术对相关问题的解决能力。从表 7.1 中也可知，没有哪一种进样技术可以轻松满足所有的要求。进样操作可能是气相色谱法发展中最具挑战性的方面之一，但有关这一主题的文献和专著讨论比较有限。Grob[1] 在经典教材中对进样口及其操作进行了全面的讨论。到目前为止，分流和不分流进样口依旧是最常用的进样口。其在硬件上几乎一样，因此在大多数气相色谱仪上将其合起来作为单一进样口出售。值得注意的是，制造商通常会将其称为分流 / 不分流进样口，然而，这是两种独立且不同的进样技术。

表 7.1　毛细管进样口类型的总结以及它们如何应对毛细管柱进样过程中遇到的挑战

进样口	注射器	质量过载	质量检测	注射器转移	进样口转移
分流	×	×××	—	×	×
不分流	×	×	×	×	×
冷柱头	×	×	×	×××	×××
程序升温蒸发	×	×	×××	×××	×××

注：—，没解决；× 部分解决；××× 完全解决。

因为注射器的外径比大多数毛细管柱要大，这成为注射器进样最显著的难题。因此，进样口处须有一个保存样品的地方，然后转移到色谱柱中进行分离。最典型的设计就是在金属管内加入一个玻璃衬管。冷柱头进样口是唯一一种将注射器直接插入色谱柱内的进样口，其通常采用一个特殊的注射器来进样。

因为色谱柱中的固定相含量极低，且毛细管柱本身的体积很小，所以易产生进样量过载。通过将大部分进样样品放空的进样方式是解决这个问题的最好方法。其他技术虽然也解决了这个问题，但是方法开发更复杂。由此将会引起对检测的灵敏度产生影响。分流进样放空了大部分的样品，将会影响检测灵敏度。不分流进样口和冷柱头进样口允许几乎全部样品进入色谱柱，但进样量通常限制在 1μL 左右。PTV 进样口允许高达 100μL 或更大体积的进样量，该技术能极大地提高分析灵敏度。

将样品从注射器转移到进样口和从进样口转移到色谱柱是最后的两个难题。分流和不分流进样口都通过加热的方式使样品转变成气态。当样品从进样口转移至色谱柱时，汽化的过程可能会产生歧视进样，造成一些待测物的损失。随着方法的优化，这个影响可逐渐降低。在冷柱头和 PTV 进样方式中，进样时进样口温度低于溶剂沸点，因此样品以液体形式离开注射器。对于柱上进样，液体样品在与柱温箱一致的温度进行时蒸发。在 PTV 进样口中，采用程序升温方式将液体样品从玻璃衬管蒸发到色谱柱中。本章其余部分提供了有关各个进样口的其他详细信息。

7.2 分流进样口

分流进样是最早、最简单、最容易使用的进样方式。该过程包括用标准注射器将小体积（通常为 1μL）的样品注入含有失活玻璃衬管的进样口。样品被迅速蒸发，并且通常只有 1% ～ 2% 的样品蒸气进入色谱柱。剩下的样品和大量载气通过分流阀或吹扫阀流出。图 7.1 展示了一个典型的分流进样口的原理图。进样口作为 GC 三个独立加热区之一，通常加热至约 250℃使样品汽化，并通过增压以推动载气通过色谱柱。

在分流进样口的顶部，是一个由金属螺母固定的隔垫。隔垫有效保证注射器针头插入时不会漏气。通过质量流量控制器控制载气进入。图 7.1 中没有显示压力调节器。大多数分流进样口是采用柱后压调节的，在柱头处保持恒定的压力。近 20 年来制造的气相色谱仪使用固态电子控制器来控制所有的压力和流量。分流进样口有三个出口，分别对应于隔垫吹扫、色谱柱和分流出口。通常采用几毫升 / 分钟的气体流过隔垫底部以保持其清洁。从注射器针头上带入到隔垫上的任何污染物都会从隔垫吹扫器中排出，而不会进入气化室。剩余的气流进入玻璃衬管，在那里与注入的样品混合。玻璃衬管有两个出口，分别为通往色谱柱的进样口和分流放空口。色谱柱中载气流速一般很小，通常约为 1mL/min，分流放空口流速通常很高。比如当分流流速为 50mL/min 时，此时的分流比为 50∶1。在这种情况下，样品被分成 51 份，其中 50 份样品从分流口排出，1 份样品进入色谱柱。

分流进样有许多优点。这项技术很简单，因为操作员只需通过打开或关闭分流（吹扫）阀来控制分流比。引入到柱中的样品量非常小（且易于控制），并

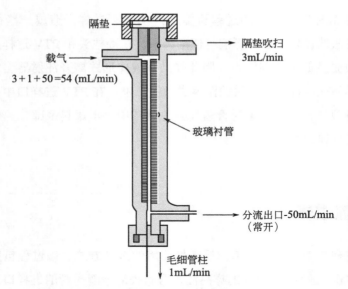

隔垫

载气 →

$3+1+50=54$ (mL/min)

隔垫吹扫
3mL/min

玻璃衬管

分流出口-50mL/min
（常开）

毛细管柱
1mL/min

图 7.1　典型分流进样口原理示意图

且到达分离点的流速很快（其流速是柱流速和分流流速之和）。对化合物的分离可获得更高分辨率。另一个优点是可以对"纯"物质进行进样，通过采用较大的分流比，因此不需要稀释样品。最后一个优点是，"脏"的样品可以通过在进样口衬管中加入灭活玻璃棉来捕集非挥发性化合物。这些优点有效地解决了注射器、质量过载和样品转移到色谱柱的难题。

其缺点是痕量分析受到限制，因为只有一小部分样品进入色谱柱。因此，在进行痕量分析时推荐使用不分流进样或柱头进样技术。第二个缺点是，分流过程有时会对样品中的高分子量溶质造成歧视，因此进入色谱柱的样品无法代表注入的样品。分流进样的进样方式不能解决将样品从注射器转移到热的进样口所涉及的问题，最重要的是，该进样方式不能解决对痕量组分的检测问题，所以无法应用于痕量分析中。

图 7.2 是使用分流进样的典型例子。在这个例子中，采用 100∶1 分流比进行分流进样并采用程序升温对香料中复杂的化合物进行分离。值得注意的是，第一个非常尖锐的峰是溶剂丙酮，其他分析物也具有非常窄的峰宽。这是分流进样的特点。这是一种相对含量比较高且组成较简单的混合物，从色谱图的结果来看，该进样方式可以获得高分辨率但其灵敏度较低。分流进样所具有高分辨率的特点有利于分离更复杂的混合物。

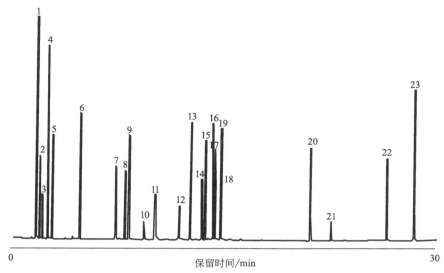

图 7.2 按 100∶1 的分流比进行分流进样得到的香料混合物色谱图

资料来源: Phenomenex 公司提供, 申请号 14899

7.2.1 计算分流比

虽然在自动化控制的气相色谱仪上, 这是由数据系统自动完成的, 但是对手动处理过程的了解仍然是有用的。首先, 使用合适的流量计 (皂膜流量计或电子流量计; 见第 3 章) 测量分流放空口的流速 [这是分流率 (SF, split flow)]。然后, 注入 5μL 甲烷样品并记录其保留时间 t_M。计算通过色谱柱的载气平均线速度 $\bar{\mu}$ (单位为 cm/s):

$$\bar{\mu} = \frac{L}{t_M} \tag{7.1}$$

式中, L 为柱长, cm; t_M 为保留时间, s; 为了要将速度转换成柱流速 ($\bar{F}_c$), 速度必须乘以色谱柱的横截面积, 其中 r 是半径 (cm)。乘 60 将流量单位转换为 mL/min:

$$\bar{F}_c = \bar{\mu}(\pi r^2) \times 60 \tag{7.2}$$

并使用以下公式, 计算分流比:

$$\text{分流比} = \frac{\text{分流排空流速}}{\text{柱流速}} = \frac{SF}{F_c} \qquad (7.3)$$

因为两种速率都是以 mL/min 为单位的，所以所得比值无量纲。然而，这只是一个近似值，因为这两个速率不是在相同的温度和压力条件下测量的。比如：如果分流排空流速为 120mL/min，并且计算出柱流速（F_c）为 1.2mL/min，则分流比为：

$$\frac{120}{1.2} = 100 : 1 \qquad (7.4)$$

对于 1μL（1000nL）的进样，实际进样量为 1000nL 的 1/100，即 10nL。因此，分流进样的效果是将样品量从 1μL 减小到 10nL。

7.3　不分流进样口

如图 7.3 所示，分流放空阀最初是关闭的，因此在同样的进样口下可实现不分流进样与分流进样。使用挥发性溶剂（如正己烷或甲醇）对样品进行稀释，然后常将 1μL 溶液注入加热的进样口。样品汽化后并随着载气缓慢（流速约为 1mL/min）转移到冷柱上，在冷柱中样品和溶剂均被富集。通常情况下，大约 60s 后，打开分流放空阀，在进样口中的其余残留物都会迅速从系统中排出。因此，隔垫吹扫对于不分流进样也是必要的。

然后对色谱柱进行程序升温，最初只有挥发性溶剂汽化并通过色谱柱。在这种情况下，样品分析物被重新富集到色谱柱头残留溶剂中，使进样谱带变窄。随后，利用更高温度将这些分析物汽化并转移至色谱柱进行色谱分析。因此这些高沸点待测物获得了高分辨率。

Grob 于 1968 年无意中发现了不分流进样方法。在此之前，大家普遍认为，过多的溶剂进入色谱柱中会损坏毛细管柱。图 7.4 是 Grob 最初采用不分流进样所得色谱图。它很好地说明了使用不分流进样口的优势和挑战。

上面描述的基本过程可导致三种形式的谱带展宽，并影响色谱分析性能。在时间上的谱带展宽很容易理解，不分流进样的整个过程可能需要长达 60s 才

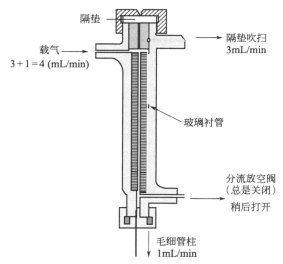

图 7.3　一个典型的不分流进样口的示意图

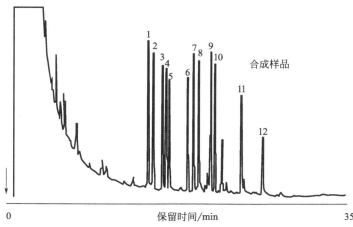

图 7.4　类固醇样品的不分流进样色谱图（1968 年）

来源：获得 Grob K 和 Grob G[3] 的重印许可，版权归牛津大学出版社所有

能完成。在分析初始阶段分流口保持关闭，此时进入色谱柱的色谱最大宽度（用时间表示）可与分流口保持关闭的时间相同。在空间上的谱带展宽是由于全部溶剂都进入色谱柱中，在柱头处扩散形成一个宽的溶剂谱带，溶质则在这一宽的溶剂谱带中进行扩散，这两种影响如图 7.4 所示，产生了非常宽的溶剂峰。由于这两种谱带展宽效应，大多数溶质的谱带开始时具有相似的宽度。

　　"这两个效应可通过两种谱带聚集效应来降低其影响：热聚焦和溶剂效

应。"热聚焦，也称为"冷捕集"，通过在柱头的一个狭窄区域中捕获它们来缩小分析物的谱带宽度。这是由于冷柱的初始温度远低于分析物的正常沸点。由图 7.4 可知后面的化合物因热聚焦可获得尖峰。前面的化合物虽然未被热聚焦，但会因为"溶剂效应"而使峰形变得尖锐。随着溶剂蒸发，溶剂带变窄，将溶质聚焦成一个越来越小的带，直到溶剂完全蒸发，使溶质聚焦到柱头附近的一个窄带。在这两种情况下，程序升温可让整个分离过程中的化合物分离获得尖峰。与分流进样相比，不分流进样的最大优点是提高了灵敏度，通常情况下，进入色谱柱的样品会增加 20 ~ 50 倍，提高了对环境、药物或生物医学样品的痕量物质分析的能力。

不分流进样的缺点如下：①耗时，必须从冷柱开始，并且使用程序升温；②必须用挥发性溶剂稀释样品，并优化初始柱温和打开分流阀的时间；③不分流进样不太适合强挥发性化合物的分析，为了获得良好的色谱分离，第一个待测化合物的沸点应比溶剂高 30℃。

7.4 冷柱头进样口

术语"柱头"用于描述另外三种毛细管进样口类型："直接进样""柱头进样"和"冷柱头进样"。直接进样是指将少量样品（通常为 1μL 或更少）注入玻璃衬管中，在玻璃衬管中蒸发并进入色谱柱。柱头进样是指将针头精确对准并插入毛细管柱（通常为内径 0.53mm 的大孔径毛细管柱），将样品注射到毛细管柱内。这两种技术中气体流速比常规快（约 10mL/min），且都需要厚膜和宽内径的毛细管柱，即便如此，其分辨率也不如分流或不分流进样，但这两种技术在痕量化合物的定量分析方面具有一定优势。

冷柱头进样法具有分辨率高、定量准确等优点。液体样品被注入冷的进样口衬管或冷的柱子。然后将进样口加热，样品蒸发后进入色谱柱。通常使用与柱温程序非常相似的升温程序对进样口进行加热，避免样品分解。对于热不稳定的化合物，冷柱头进样是最佳的进样方式。因为全部样品直接注入色谱柱上，冷柱头进样的缺点与优点一样突出，因此并不常用。脏的样品（即使不是很脏的样品）也会大大缩短色谱柱的使用寿命。在不分流中看到的许多相同的谱带展宽效应在柱头进样中也存在。但不存在时间上的谱带展宽。如图 7.5 所示，冷柱头进样是胺分离的最佳进样方式[4]。对于冷柱头进样而言，这是一个非常理想的样品。

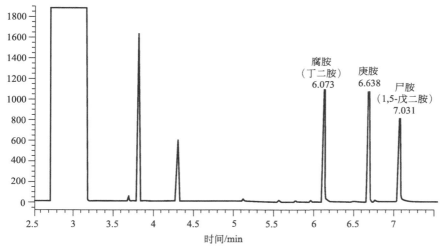

图 7.5　采用冷柱头进样分离难分离的胺

资料来源：Bonilla 等[4]，经牛津大学出版社许可

7.5　程序升温汽化进样口

顾名思义，程序升温汽化（PTV）进样口是一种能够以设定的升温速率进行快速加热的进样口。它们最初是通过改进具有快速加热和冷却能力的经典分流 / 不分流进样口而发展起来的。PTV 是一种通用的进样口，该进样口可实现多种进样模式：

① 传统热分流和不分流进样。

② 冷分流进样。

③ 冷不分流进样。

④ 大体积不分流进样。

进样口的设计与图 7.1 和图 7.3 极为相似，区别在于快速加热和冷却仅需较低的热量，并且通常采用较小直径和长度的玻璃衬管，另外还配置了相关气动装置和电子装置用于加热和冷却。

玻璃衬管的直径比常用的分流／不分流进样口所用衬管的直径小。在冷注头进样中，样品注入相对低温的进样口中，当进样针退出后，迅速对进样口进行程序升温，将样品转移至色谱柱。该技术有效消除了来自进样针的热歧视效应。该技术能够实现大体积进样，有利于提高检测能力。

PTV进样口的主要优势在于具有大容量进样能力，以及通过冷进样消除了注射器和进样口的热歧视。尽管大容量进样超出本基础知识的讨论范围，如需了解更多，可从在线手册获得[5-7]。

7.6　相关主题

进样口在采样设备（例如注射器）和毛细管柱之间提供了接口，因此还有几个相关主题需要讨论。大多数样品是使用注射器或类似注射器的设备引入的。本章中描述的所有进样口都需要一个隔垫，进样时注射针必须穿过该隔垫。除冷柱头进样口外，所有进样口将样品注入玻璃衬管中。进样口污染是产生"鬼峰"的最常见原因。最后，在某些情况下可以使用保留间隙（制备色谱柱）来改善进样口和色谱柱之间的样品传输效率。

7.6.1　注射器

从第1章和第3章可以看出，注射器是将液体和气体样品从样品瓶转移到气相色谱仪中最常用的设备。正确使用注射器需要练习和技巧。对于本章所述的几乎所有进样口，快速自动进样器都是控制注射器和完成进样的最佳设备。在某些情况下，例如一些大体积进样，可能会使用较慢的进样速度。如果是手动进样，最好的技术是模拟自动进样器。采用快速注射和快速退出注射器的方式。

注射量由注射器控制。待测物一般溶解在适当溶剂中，采用分流和不分流进样时，液体进样量常为1μL。对于气态样品，体积可能高达1mL。注意确保玻璃衬管（见下文）中产生的蒸气量不大于衬管的体积。不同的溶剂蒸发后会得到不同的蒸气量，而极性更强的溶剂在蒸发时通常会形成更大的蒸气量。

1μL 正己烷的蒸发将产生约 200μL 的蒸气，而 1μL 甲醇的蒸发将产生约 1mL 的蒸气。可以在线使用蒸气体积计算器计算目标溶剂蒸发时的蒸气量，并据此选择相应的玻璃衬管规格 [8,9]。

7.6.2 隔垫

本章中描述的所有进样口均使用聚合物隔垫，以使注射器针头进入进样口而不会漏气。市面上有各种各样的隔垫，但对于毛细管气相色谱而言，应确保使用毛细管气相色谱专用的隔垫。专为毛细管气相色谱仪设计的隔垫具有耐高温且几乎不会分解的性能。隔垫分解是出现鬼峰最常见的原因之一。务必按照进样口制造商的说明小心安装和更换隔垫。隔垫安装不正确是造成漏气的常见原因。

隔垫的寿命为 30 ~ 50 次注射。随着隔垫老化，有可能会产生小碎片并掉入进样口，造成污染。使用自动进样器将会缩短隔垫的寿命，因为与手动进样相比，自动进样器的注射器通常使用较钝和较宽规格的注射器针头，所以在设置长序列的自动样品分析之前，应仔细检查隔垫的进样次数。

7.6.3 玻璃衬管

除了冷柱头外，所有进样口都需要玻璃衬管。注射器将样品注入玻璃衬管中，在载气作用下样品进入色谱柱。理想情况下，它提供了一个惰性环境，可快速蒸发样品并与载气混合。玻璃衬管有许多设计和配置，不幸的是，对于如何选择适合特定应用的玻璃衬管并没有"灵丹妙药"，因此必须对其进行测试和评估。

根据不同类型的进样口，玻璃衬管有一些通用的特性。用于分流进样的玻璃衬管通常具有较大的体积和较大的内表面积，以利于快速蒸发样品。这种衬管通常具有曲折的路径，以使气体通过（不仅仅是玻璃管）而有利于样品蒸发。对于不分流进样口，玻璃衬管通常是体积较小的玻璃管。在不分流的情况下，蒸发过程和转移至色谱柱的速度均较慢。因此较小的体积有利于将整个样品转移至色谱柱中。PTV 进样口的玻璃衬管则需要根据实际情况来选择。对于大体积进样，玻璃衬管里需填充材料以容纳大体积进样的液体样品。玻璃套筒供应商会提供选择指南。这里引用的是非常通用的指南[10]。即使有选择指南，单个类型的玻璃衬管可能也并非对所有应用都有效。

7.6.4 鬼峰

鬼峰是气相色谱分析中一个相当普遍的问题。理论上，这些"额外"峰最可能由进样口或样品制备过程或进样过程中引入，因此在测试线需要排除以下污染源：

① 不纯的溶剂。特别是在痕量水平（< 1μg/mL）下，很少有溶剂是绝对纯的。因此在使用之前，请始终运行空白的"纯"溶剂。

② 脏注射器。注射器针筒是未经处理的玻璃表面，因此极性化合物（例如脂肪酸）很容易吸附到玻璃表面。用中极性溶剂彻底清洗注射器（例如用甲醇清洗 5 次），应该可以解决此问题。

③ 脏进样衬管。"脏样品"（例如尿液、河泥、原油和植物残渣）通常会吸附在进样口的玻璃棉上。这可能会导致鬼峰出现在后面的色谱分析结果中。为了消除这些问题，可以通过更好的样品净化（SPE、LLE 等）或通过将程序升温至更高的温度来彻底清洁色谱柱。进行较"脏"样品分析时，进样口衬管应使用硅烷化玻璃棉，并应经常更换。

7.6.5 保留间隙

为了避免分析毛细管柱失效和被较脏的样品污染，通常在进样口和分析柱之间插入 1 ～ 2m 的毛细管前置柱。该色谱柱也称为保留间隙柱，并非旨在保留分析物，因此通常经失活处理且无涂层。它不应引起明显的色谱峰展宽，而应有助于分析物在进入分析柱时聚焦。保留间隙柱对于大溶剂进样特别有用，如果它具有大孔径（0.53mm），则可以实现柱头进样。

参考文献　[1] Grob, K. (2007). *Split and Splitless Injection for Quantitative Gas Chromatography: Concepts, Processes, Practical Guidelines, Sources of Error*. New York: John Wiley and Sons.

[2] Snow, N. H. (2018). *LC-GC North America* 36 (7): 448-454.

[3] Grob, K. and Grob, G. (1969). *J. Chromatogr*. *Sci*. 7: 584.

[4] Bonilla, M., Enriquez, L. G., and McNair, H. M. (1997). *J. Chromatogr*. *Sci*. 35: 53.

[5] "Large Volume Injection in Capillary Gas Chromatography." https: //www. glsciences. eu/ optic/LVI-training-manual. pdf (accessed 11 March 2018).

[6] "About Programmed Temperature Vaporising Injections." https: //www. glsciences. eu/optic/ LVI-training-manual. pdf (accessed 11 March 2018).

[7] "Agilent Multimode Inlet Large Volume Injection Tutorial." https: //www. agilent. com/cs/ library/usermanuals/Public/G3510-90020. pdf (accessed 11 March 2018).

[8] http: //m. restek. com/images/calcs/calc_backflash. htm (accessed 11 March 2018).

[9] https: //www. agilent. com/en/support/gas-chromatography/gccalculators (accessed 11 March 2018).

[10] https: //www. phenomenex. com/Info/Page/gcliners (accessed 11 March 2018).

第8章

经典检测器：FID、TCD 和 ECD

除少数情况外，GC 中使用的检测器是专门为此技术发明的。主要的例外情况是：①热导检测器（TCD）（或 katharometer），它在 GC 应用之前应用于气体分析仪中；②质谱仪［或质量选择检测器（MSD）］，可用于大容量气体的分析，且其具有快速扫描速率的特征，适用于气相色谱的定性分析。总共有 60 多种检测器应用于气相色谱中。许多"发明"的检测器都是基于通过这样或那样的方式来形成离子的；其中，火焰离子化检测器（FID）最受欢迎。表 8.1 列出了常用的检测器，在第二栏中指出其是否具有高选择性性能。GC 的检测器最近经历了一次复兴，尤其是在光谱检测器方面，第 10 章中将详细介绍。

在早期关于检测器的一本书中，对于 20 世纪 70 年代最流行的 20 种检测器，David[1] 详细讨论了 8 种检测器（见表 8.1），并简要介绍了另外 12 种检测器。Hill 和 McMinn[2] 撰写的一本专著中描述了 12 种重要的毛细管气相色谱检测器。在 Scott[3] 关于色谱检测器的专著中，第一部分为 FID、氮磷检测器（NPD）以及光度检测器，第二部分为氩离子化类型的检测器（包括 He 离子化和 ECD），第三部分为热导检测器（包括 TCD、GADE 和放射性检测器）。Sievers[7] 撰写的专著中详细描述了一些具有高选择性的检测器，这些专业检测器主要用于元素分析。表 8.1 中提供了每个检测器的经典参考资料，可以参考这些参考资料和其他参考资料以获得更详细的信息。

表 8.1　常用的经典检测器

名称	选择性[①]	参考文献
火焰离子化检测器（FID）	无选择性	[1-6]
热导检测器（TCD）	无选择性	[1,3,4]
电子捕获检测器（ECD）	X	[1-4]
其他离子化检测器类型		
氮磷检测器（NPD）；碱盐火焰离子化检测器（AFID）；热离子检测器（TID）	N, P, X	[1-4]
光离子化检测器（PID）；放电离子化检测器（DID）	芳香族化合物	[2,4]
氦电离检测器（HID）	无选择性	[1-4]
发射型检测器		
火焰光度检测器（FPD）	S, P	[1-4]
原子发射检测器（AED）	金属，X, C, O	[2,4,7]
电化学检测器		
霍尔电导检测器（HECD）	S, N, X	[1,2,4]
其他类型的检测器		
化学发光	S	[2,7]
气体密度检测器（GADE）	无选择性	[1,3,4,8,9]
放射性检测器	$^{3}H, ^{14}C$	[3]
质谱仪（MS 或 MSD）	兼有	[2,7]
傅里叶变换红外（FTIR）	兼有	[2,4]

① 在该列中，X ＝卤素。

　　FID、TCD 和电子捕获检测器（ECD）是三种最广泛使用的检测器，在这一章中将会被重点介绍，并且对表 8.1 中的其他类型检测器进行简要说明。当然，为了给这一章提供一个全面的框架，我们首先讨论一下检测器的一些分类和共同特性。

8.1　检测器的分类

　　在下文所述的五种分类系统中，前三种是最重要的，本节将重点讨论；另外两种是显而易见的，无须讨论。表 8.2 展示了 FID、TCD 和 ECD 的分类。

8.1.1 浓度型检测器与质量型检测器

浓度型检测器需测量载气中被分析物浓度，质量型检测器则无须考虑载气体积，只与待测物的绝对量有关。表 8.2 表明 TCD 和 ECD 是浓度型检测器，而 FID 是质量型检测器。这种差异导致的一个结果是，载气流量的变化以不同的方式影响峰面积和峰高。

表 8.2　FID、TCD 和 ECD 的分类

1	浓度型 TCD、ECD	vs.	质量型 FID
2	选择性 ECD（FID）	vs.	通用 TCD
3	破坏性 FID	vs.	非破坏性 TCD、ECD
4	整体性 TCD	vs.	溶质性 FID、ECD
5	模拟信号 FID、TCD、ECD	vs.	数字信号

为了理解检测器类型差异的原因，可假设载气流量为零时检测器的信号会发生什么变化。TCD 检测器单元仍然充满给定浓度的分析物，其导热系数测量值为一定值。但是，对于像 FID 这样的质量型检测器来说，其信号来自样品的燃烧，如果流量完全停止，则会导致向检测器输送分析物的过程停止，信号会降至零。

图 8.1 显示了流量下降对两种检测器的峰信号的影响：对于浓度型检测器，峰面积增大，但峰高不变；对于质量型检测器，峰高减小，但峰面积不变。因此，在不同流量下获得的数据将影响其定量结果。虽然这些变化可以通过使用标准样品或电子流量调节器来消除，但是如果色谱仪在程序升温过程中以恒压模式运行（例如分流或不分流进样后），通常情况下流量会在运行中发生变化。因此，在程序升温的 GC 中进行定量分析需要采用恒流模式，目前通过使用电子流量控制器可以轻松实现恒流模式。同时需要指出的是，在恒压模式下，采用程序升温和 FID 检测器进行定量分析时，峰面积将不会受影响。

这种性能差异还会导致两个后果。首先，比较这两种检测器的灵敏度较困难，因为两者的信号具有不同的单位。最小可检测量（MDQ）兼具两种检测器的质量单位，因此比较两者的 MDQ 是行之有效的方法。其次，检测器类型之

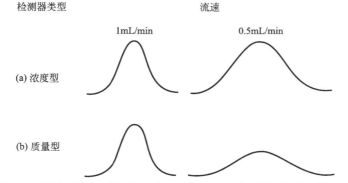

图 8.1　流速对浓度型（a）和质量型（b）两种类型检测器峰形的影响

来源：Miller[10, p. 280]，转载由 John Wiley & Sons, Inc 提供

间的有效比较需要在指定流速和样品浓度中进行。

　　通过对气相色谱检测器内部结构的优化来减小其死体积，达到最大限度地降低谱带展宽的目的。然而，浓度型检测器是在样品池中进行检测的，因此样品池的大小特别重要。假设浓度型检测器的样品池非常大，一个样品池就可以容纳整个样品，由此产生的色谱峰形将严重展宽和扭曲。

　　理想的样品池体积大小可以根据要求进行估算，因为峰的宽度可以体积单位表示（峰宽 4σ，x 轴以 mL 单位表示）。在载气流速为 1mL/min 时，毛细管色谱柱分离得到的峰宽可小到 1s 换算为体积就是 0.017mL（17μL）。如果检测器样品池体积相同或更大，则一次可容纳整个峰，得到的色谱峰将非常宽。在这种情况下，理想的检测器样品池的体积应小得多，例如 2μL。如果无法减小检测器样品池的体积，则可以将补充气体添加到色谱柱流出物中，使样品更快地通过检测器。这种补救措施对质量型检测器很有帮助，而对浓度型检测器则没有太大效果。在后一种情况下，补充气体会稀释样品浓度，降低样品浓度会导致响应信号的降低，这通常不是优选的解决方案。因此，如果要将浓度型检测器成功应用于毛细管气相色谱仪上，则其体积必须非常小。辅助气体也可以与它们一起使用，但是有降低信号的风险。

8.1.2　选择性检测器与通用性检测器

　　这一分类依据是检测器可以检测到的分析物的数量或百分比。理论上，通用性检测器可检测所有化合物，而选择性检测器仅能检测特定类型或特定类别的化合物。不同检测器的选择性也不同：FID 的选择性不强，几乎可以检测所有有机化合物，而 ECD 的选择性非常强，仅适合检测电负性很强的物质，例如含卤素的农药。

两种类型的检测器都有其各自的优势。当要确保检测到所有从色谱柱流出的化合物时，可以使用通用性检测器。这对于未知成分的新样品的定性分析非常重要。另一方面，在有更高浓度的其他化合物的干扰情况下，选择性检测器可提高对痕量化合物分析的灵敏度。通过从复杂的色谱流出组分中仅检测几种目标化合物并选择性地"忽略"其余化合物，可以简化复杂的色谱图。例如，火焰光度检测器（FPD）可以选择性地检测汽油或航空燃料样品里大量碳氢化合物中的含硫化合物。

8.1.3 破坏性检测器与非破坏性检测器

如果要回收分离分析物以进行进一步分析，则非破坏性检测器是必需的，例如，当要使用辅助仪器（如 MS 和 NMR）进行鉴定时。在这种情况下若要使用破坏性检测器，则一般将馏出物分成两路，仅将其一部分传送到破坏性检测器进行分析，收集其余部分进行其他分析。

8.2 常见检测器的特点

所有检测器都具有几个描述性能的共同特征。当然，检测器最重要的特性是它产生的信号，但噪声和死时间这两个特性也很重要。接下来我们先讨论噪声和死时间，作为讨论信号的前提。

8.2.1 噪声

噪声是检测器在没有样品的情况下产生的信号。它也被称为背景值，出现在基线上。通常与正常的检测器信号具有相同的单位。理想情况下，基线不应显示任何噪声，但放大器的电子元件、环境中的杂散信号、污染和泄漏等会使信号产生随机波动。电路设计可以消除一些噪声，屏蔽和接地可以使检测器与环境隔离，样品预处理和高纯气体可以消除一些因污染产生的噪声。

国际 ASTM（原美国材料与试验协会）对噪声的定义如图 8.2 所示。在各峰的最大值和最小值之间绘制两条平行线，两线之间的信号为噪声，在本例中以 mV 表示。此外，图中还显示了在 30min 内出现的长时间噪声或漂移。如果可能的话，应该找到并消除或最小化噪声和漂移源，因为它们限制了可以检测到的最小信号。可以在参考资料中找到一些降低噪声的建议[11]。

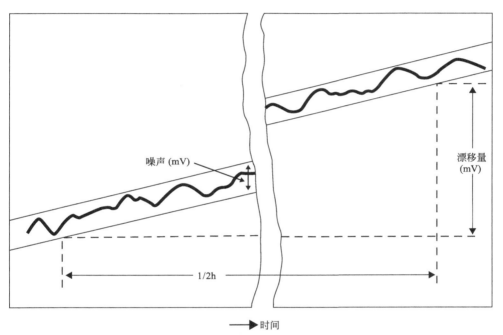

图 8.2　TCD 中噪声和漂移的例子（版权 ASTM）

资料来源：经 John Wiley & Sons, Inc 许可转载自 Miller[10, p. 285]

信噪比（S/N）是评价检测器性能的一种快捷方法。与单独用噪声评价相比，S/N 可以更好地描述检测限（LOD）。通常，当所获得的色谱峰 S/N 大于或等于 2 时，该峰可被当作样品的信号。图 8.3 展示了信噪比为 2 时的峰图。这是区分样品信号和背景噪声的最小值。但是，S/N 大于或等于 2 的尖峰也不应该被直接解释为样品信号，因为这些尖峰还有可能来自污染，或者代表不同类型的检测器的不稳定性。

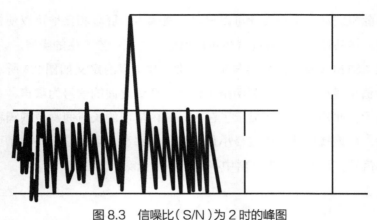

图 8.3　信噪比（S/N）为 2 时的峰图

资料来源：经 John Wiley & Sons, Inc 授权转载自 Grant[12]

8.2.2　时间常数

时间常数 τ 是衡量一个检测器的响应速度的指标。图 8.4 显示了越来越大的时间常数对色谱峰形状的影响。随着检测器时间常数的增加，色谱峰的保留时间和峰宽均会增大，这是不利于色谱分析的。然而，峰面积是不会受影响的，因此基于面积的定量分析方法将不受影响，而只有基于峰高的定量分析才会产生误差。在气相色谱分析中，数据采集速率的快慢也会产生类似的效应。较慢的采集速率通常会使峰变宽；较快的采集速率会使峰变窄，但也会产生更多的噪声。

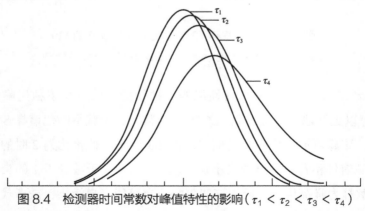

图 8.4　检测器时间常数对峰值特性的影响（$\tau_1 < \tau_2 < \tau_3 < \tau_4$）

资料来源：Miller [10, p. 288]，转载由 John Wiley & Sons, Inc 提供

有学者[13]建议时间常数应该小于半峰宽（W_h）的10%。因此，在流速为1mL/min时，3s的峰宽对应于0.3s的时间常数，或至少每秒采集3个数据点的采集速率。也就是在3s的范围内采集大约10个数据点。这个量级的分析能力是大多数色谱检测器及其相关数据系统所需的。还请记住，整个系统的总时间常数受各个组件的最大值的限制。虽然较大的时间常数可以降低检测器的短期噪声（有时被称为阻尼效应），但必须避免通过增加时间常数来降低色谱噪声和改进色谱图。因为当数据系统没有如实记录包括噪声在内的所有可用信息时，可能会丢失有价值的信息。

8.2.3　信号

当分析物被检测到时，检测器的输出或信号是特别重要的。这种信号的大小（峰高或峰面积）通常与被分析物的质量或浓度成正比，是定量分析的基础。这一点非常重要，因为定量分析是气相色谱的一个重要应用。需要定义的检测器指标包括灵敏度、检测限、线性范围和动态范围。

8.2.4　灵敏度

灵敏度 S 可用载气中单位浓度或质量的分析物的信号输出来表示。灵敏度的单位与测量的峰面积有关，因此浓度型检测器和质量型检测器的单位不同[14]。

对于浓度型检测器，灵敏度按流动相中分析物的单位浓度计算：

$$S=\frac{A\bar{F}_c}{W}=\frac{E}{C} \tag{8.1}$$

式中，A 是色谱峰积分所得的峰面积，mV·min；E 是峰高，mV；C 是载气中待测物的浓度，mg/mL；W 是待测物的质量，mg；$\bar{F}_c$ 是平均载气流量，mL/min。浓度型检测器灵敏度的量纲为 mV·mL/mg。

对于质量型检测器，灵敏度是根据流动相中分析物的单位质量计算的：

$$S=\frac{A}{W}=\frac{E}{M} \tag{8.2}$$

式中，M 为待测物进入检测器的质量流量，mg/s；W 为待测物的质量，

mg；峰面积单位为 A·s；峰高单位为 A。

在这种情况下，灵敏度的量纲为 A·s/mg 或 C/mg。如前所述，两种类型的检测器在灵敏度单位上的差异，使不同类型检测器灵敏度的比较变得困难。

图 8.5 显示了 TCD 检测器信号与浓度的关系，TCD 是一种浓度型检测器。根据式（8.1）可知，这条线的斜率就是检测器的灵敏度。斜率越大代表检测器灵敏度越高，反之亦然。样本浓度的范围通常跨越几个数量级，因此通常以双对数坐标为基础绘制此图，以便在单个图上覆盖更大的范围。

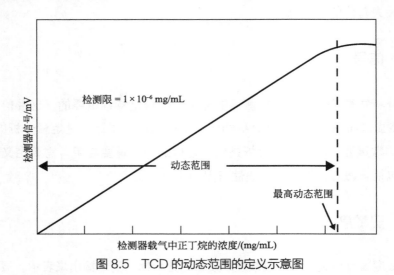

图 8.5　TCD 的动态范围的定义示意图

资料来源：版权 ASTM，经许可引自 Miller [10, p. 292]，由 John Wiley & Sons, Inc 提供

如图 8.5 上端所示，随着浓度的增加，线性消失，信号不再随着浓度的增加而增加。在较低的一端，信号被外推到 MDL 和原点之间。这些现象将在后面的线性范围部分中讨论。

8.2.5　检测限

图 8.5 中的最低点代表了可以检测到的下限，有各种各样的名称，如最小可检测量、检测限、检出限等。IUPAC[14] 将检测限 D 定义为

$$D=\frac{2N}{S} \tag{8.3}$$

式中，N 为噪声水平；S 为上文定义的灵敏度。且根据前面讨论的可检测信号应该是噪声水平的两倍，因此分子上乘 2。浓度型检测限的量纲为 mg/mL，质量型检测限的量纲为 mg/sec。

如果以检测限乘以测量的待测物色谱峰的峰宽，并且如果使用了适当的量纲，则结果值的量纲可为 mg，代表可以通过色谱法检测到的最小质量，从而可以根据该结果选择合适的样品稀释方案。有人将此值称为 MDQ。因此，这是一种便于比较不同类型检测器间检测限的便捷方法。

一个相关术语是定量限（LOQ），它应该在 LOD 之上。例如，ACS 关于环境分析的指南[15]规定 LOD 应该是 S/N 的 3 倍，LOQ 应该是 S/N 的 10 倍。美国药典的定义是相似的，也规定了 LOQ 应该不少于 LOD 的两倍[16]。其他机构可能有其他准则，但都涉及同样需要规定检测限和定量限以及它们之间的关系。它们是不一样的。

8.2.6 线性范围

图 8.5 中直线在高浓度时发生弯曲并变为非线性了，为了测量线性范围，必须确定线性范围的上限。

图 8.5 通常是在双对数坐标上绘制的，因此偏离线性的偏差被最小化了，并且该曲线不适合用来展示偏差。而采用灵敏度与浓度的关系来作图会更合适，浓度与时间的一阶导数关系图如图 8.6 所示。在这里，分析物的浓度可以在半对数刻度上以获得较大的范围浓度变化，而 y 轴（灵敏度）可以采用线性刻度。根据 ASTM 规范，线性的上限是最大分析灵敏度时待测物浓度的 95%。图中的上虚线是通过表示最大灵敏度的点绘制的，下虚线是该值的 0.95。

在确定了线性范围、检测下限和上限后，将线性范围定义为它们的商：

$$线性范围=\frac{检测上限}{检测下限} \tag{8.4}$$

由于这两项都具有相同的量纲，所以线性范围是无量纲的。显然，此参数具有较大的值。

线性范围不应该与动态范围混淆，在图 8.6 中，动态范围的上限为曲线趋于平稳时的终止点，此后，随着浓度的增加，信号不再增加。动态范围的上限将高于线性范围的上限，它表示检测器可以使用的最高浓度。

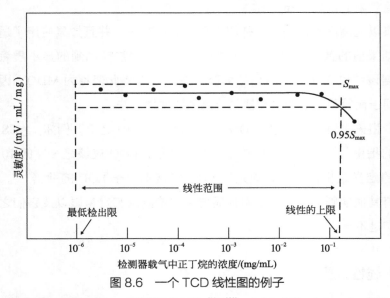

图 8.6 一个 TCD 线性图的例子

资料来源：版权 ASTM，经许可引自 Miller[10, p. 292]，由 John Wiley & Sons, Inc 提供

8.2.7 检测器特性概述

对于定量分析（见第 9 章）而言，检测器的选择及其性能非常重要。Hinshaw[17] 发表了关于选择正确的检测器配置的讨论，总结了本节的大部分内容。接下来讨论三种最常见的检测器——FID、TCD 和 ECD 的特性和原理。

8.3 火焰离子化检测器（FID）

FID 是应用最广泛的气相色谱检测器，是一个专门为气相色谱设计的电离检测器。馏出物在一个小的氢氧火焰中燃烧，该过程中产生一些离子。将这些离子收集起来，形成的小电流产生信号。当没有样品被燃烧时，几乎不会产生离子，此时只有氢气和空气中的杂质产生的小电流（10^{-14}A）。因此，FID 是一种具有高灵敏度等特性的检测器。

典型的 FID 设计如图 8.7 所示。该柱流出物与氢气混合，并通到一个小的喷嘴，该喷嘴被高流量的空气包围，以辅助燃烧。点火器用于远程火焰点燃。收集极相对于火焰尖端偏置约 +300V，并且采用高阻抗电路放大收集到的电流信号。燃烧过程中会产生水，因此检测器必须加热到至少 125℃，以防止水和高沸点样品凝结。大多数 FID 在 250℃或更高的温度下运行。

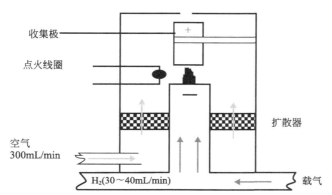

图 8.7　FID 的原理图（显示了空气、载体和氢的流动、火焰喷射和集电极）

虽然早期 Sternberg 等 [5] 提出了相应的理论，后来 Sevcik 等 [6] 也进行了相应的讨论，但火焰离子化的确切机理仍不清楚。FID 对所有在氢氧火焰中燃烧的有机化合物都有响应信号，且信号强度与碳含量近似成正比，从而产生了所谓的"碳当量规则"，这是一个恒定的响应因子，可能是由于 FID 燃烧过程中，有机溶质中的所有碳原子都转化为甲烷所致 [18]。因此，所有碳氢化合物的每个碳原子都应具有相同强度的响应因子。然而，当氧或氮等杂原子存在时，响应因子会降低。相对响应值通常以有效碳数（ECN）的形式列出。例如，甲烷的值是 1.0，乙烷的值是 2.0，等等。表 8.3 列出了一些简单有机化合物 [19] 的实验和理论 ECN 值。准确的响应因子是开展精确定量分析的必要条件。

表 8.3　FID 有效碳数（相对于庚烷 ①）

化合物	实验 ECN 值	理论 ECN 值
乙炔	1.95	2
乙烯	2.00	2
己烯	5.82	6

化合物	实验 ECN 值	理论 ECN 值
甲醇	0.52	0.5
乙醇	1.48	1.5
正丙醇	2.52	2.5
异丙醇	2.24	2.5
正丁醇	3.42	3.5
戊醇	4.37	4.5
正丁醛	3.12	3
庚醛	6.14	6
辛醛	6.99	7
壬醛	8.73	9
醋酸	1.01	1
丙酸	2.07	2
丁酸	2.95	3
己酸	5.11	5
庚酸	5.55	6
辛酸	6.55	7
乙酸甲酯	1.04	2
乙酸乙酯	2.33	3
乙酸异丙酯	3.52	4
乙酸正丁酯	4.46	5
丙酮	2.00	2
丁酮	3.07	3
甲基异丁酮	4.97	5
乙基丁基酮	5.66	6
异丁基丁酮	7.15	8
3-辛酮	7.16	7
环己酮	4.94	5

① 原著如此，疑标准庚烷，ECN = 7。——编辑注

资料来源：经普雷斯顿出版社许可转载自 *J.Chromatogr. Sci.*

为了高效运行，气体（氢和空气）必须是纯净的，不含有机物质，否则会增加背景值。其流速需要针对特定的检测器设计（少数情况下需要针对特定的分析物）进行优化。如图 8.8 所示，在确定的载气流量下，氢气流量的变化会对检测灵敏度产生影响，当氢气流量与柱流量相当时，灵敏度最高。对于流量在 1mL/min 左右的开口管柱，可在载气中加入辅助气，使总流量达到 30mL/min 左右。

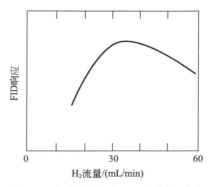

图 8.8　氢气流量对 FID 响应的影响

这类似于发动机中的燃料；过少或过多的燃料会降低发动机的效率和功率；
如果 FID 中的燃料太少或太多，信号会减弱

氢气可以作为载气，但除了必须采取相应的安全预防措施外，还要改变气体流量（仍然需要单独的氢气瓶）和修改检测器设计[20]。空气流速就不那么重要了，对于大多数检测器而言，300 ～ 400mL/min 的流速已经足够了。

不含有机碳的化合物不会燃烧，也不会被检测到。表 8.4 列出了一些在 FID 上没有响应信号的化合物。特别对于水而言，它在很多检测器上会产生拖尾的信号峰。但在 FID 上水没有响应，不会对色谱图产生干扰，因此 FID 可以用来分析含有水的样品。典型的应用包括水、酒和其他含酒精饮料、食品中的有机物分析。

表 8.4　在火焰离子化检测器中几乎没有响应信号的物质

序号	物质名	序号	物质名	序号	物质名
1	He	8	CS_2	15	NH_3
2	Ar	9	COS	16	CO
3	Kr	10	H_2S	17	CO_2
4	Ne	11	SO_2	18	H_2O
5	Xe	12	NO	19	$SiCl_4$
6	O_2	13	N_2O	20	$SiHCl_3$
7	N_2	14	NO_2	21	SiF_4

最近，一种名为 Reaxys 的新型 FID 检测方法已为人们所用[21,22]。该装置在柱末端和检测器之间放置一个催化床，该催化床可分解所有有机分子，并从所有碳分子中生成甲烷。然后这些甲烷被传递到 FID 进行检测，使其成为真正

的碳计数器。正如表 8.4 所示，它并不能解决不含碳化合物的无响应的难题。如果已知被测化合物中碳原子的数量，就可以修正相应的响应因子，所有的响应因子都非常接近 1。图 8.9 为催化装置照片图及原理图。

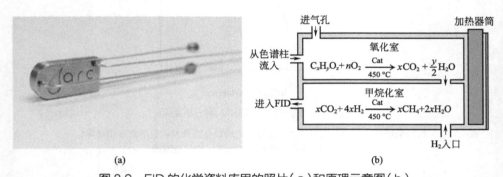

(a)   (b)

图 8.9　FID 的化学资料库里的照片（a）和原理示意图（b）

资料来源：经 Beach 等 [21] 许可转载，版权归英国皇家化学学会（2016）所有

FID 的优点是具有高灵敏度、线性范围宽、简单、耐用，并且适用于各种尺寸的色谱柱。

火焰离子化检测器（FID）的特性：

① MDQ——10 ～ 11g（约 50ng/mL）。

② 响应——仅有机化合物，对空气和水无响应。

③ 线性——10^6，好。

④ 稳定性——好，流量或温度变化的影响很小。

⑤ 温度上限——400℃。

⑥ 载气——氮气或者氦气。

8.4　热导检测器（TCD）

几乎所有的早期气相色谱仪都配备了 TCD。特别是对于填充柱和像 H_2O、CO、CO_2 和 H_2 这样的无机分析物的分析，它们仍然是主流检测器（见第 13 章）。

TCD 是一种差分检测器，它通过比较纯载气和含待测物载气的导热系数，得到待测物的响应信号。在传统的检测器中，至少含有两个空腔，但有四个空腔的检测器更常见。这些空腔被钻到一个金属块（通常是不锈钢）中，每个金属块中包含一个电阻丝或灯丝（所谓的热丝）。如图 8.10 所示，灯丝要么安装在支架上，要么被集中放置在圆柱形空腔内，这种设计使空腔体积最小。它们是由钨或高电阻的钨铼合金（即所谓的 WX 灯丝）制成的。

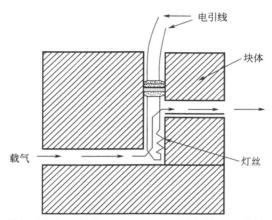

图 8.10　展示载气流经灯丝的典型 TCD 原理图（加热周围的块体以保持恒温）

灯丝被并入惠斯通电桥电路，这是测量电阻的经典方法，如图 8.11 所示。直流电流通过它们，将它们加热到高于电池块的温度，从而产生温差。当纯载气通过所有四个元件时，桥式电路达到"零点"控制平衡。

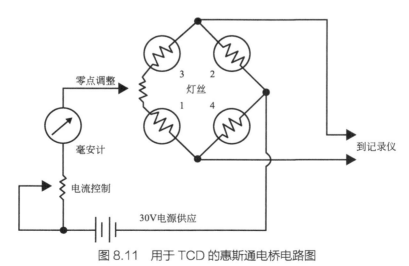

图 8.11　用于 TCD 的惠斯通电桥电路图

电阻 1 和电阻 2 是参比灯丝，电阻 3 是参考气体灯丝，电阻 4 是分析灯丝

当分析物被洗脱进入样品腔时，混合气体在两个样品腔内的热导率降低，灯丝温度略有升高，导致灯丝的电阻极大增加，电桥变得不平衡，也就是说，在桥的两端产生电压（图 8.11 中编号为 1 和 2）。电压通过分压器（即所谓的衰减器）下降，然后全部或部分输入记录器、积分器或其他数据系统。待分析物完全洗脱后，样品腔内的热导率恢复到原来的值，电桥恢复平衡。

施加在灯丝上的加热电流越大，温差越大，灵敏度越高。然而，高的灯丝温度也会导致灯丝寿命的缩短，因为少量的氧气杂质很容易氧化钨丝，最终导致钨丝烧毁。因此，GC 必须是无泄漏的，并且使用无氧载气。

惠斯通电桥可以在恒压或恒流状态下工作，但需要使用更复杂的电路来保持灯丝温度恒定。因此，根据控制的需要，检测器控制可以指定设置电流、电压、温度或温差（ΔT）。控制灯丝温度使其保持恒定使电桥为零，而不像简单的电路直接测量电桥的不平衡。在这种情况下具有更宽的线性范围、更大的放大倍数、更低的检测限和更少的噪声[23]。

如本章前面所述，小体积样品池有利于获得较好的峰形和高灵敏度。通常，TCD 样品池的体积约为 140μL，因此对于填充柱或大口径毛细管柱非常有用。虽然样品池的体积可低至 20μL[24,25]，但它们与毛细管色谱柱的联用并不常见。当在毛细管色谱柱中使用 TCD 检测器，常常需要添加辅助气。通过在硅晶片上蚀刻一个纳升级的体积，可以制造出非常小的样品池，用于微型 GC 或芯片实验室中。另一个制造商使用一个小体积（5μL）单样品池 TCD，在分析时，两个气流（样品和参考）以每秒 10 次的频率交替通过样品池[4]。

TCD 中使用的载气必须与待测样品的热导率有巨大差异，因此最常用的气体是氦气和氢气，它们具有最高的热导率[26]。从表 8.5 中列出的相对数值可以看出，其他所有气体以及液体和固体的热导率都要比氢气或者氦气小得多。如果用氦气作载气，可以期望得到不同寻常的峰形，通常是 W 形，这是由于部分峰翻转造成的[27]。如果试图用氦气作为载气[28]来分析氢气，也会产生同样的效果。

表 8.5 也展示了一些物质的实测相对响应值。虽然 TCD 的响应与热导率没有直接的关系，但是很明显，校准因子对于定量分析是必要的，这与 FID 是一样的。

表 8.5　选定物质的热导率和 TCD 响应 [24]

物质类型	物质名称	热导率①	RMR②
载气	氩气	12.5	—
	二氧化碳	12.7	—
	氮气	100.0	—
	氢气	128.0	—
	氮气	18.0	—
样品	乙烷	17.5	51
	正丁烷	13.5	85
	正壬烷	10.8	177
	异丁烷	14.0	82
	环己烷	10.1	114
	苯	9.9	100
	丙酮	9.6	86
	乙醇	12.7	72
	三氯甲烷	6.0	108
	碘甲烷	4.6	96
	乙酸乙酯	9.9	111

资料来源：经普雷斯顿（Preston）出版社许可转载自 *J. Chromatogr. Sci.*
① 相对于 He = 100。
② 氦气的相对摩尔响应。标准：苯＝100。

TCD 是一种耐用的、具有中等灵敏度的通用检测器，特性总结如下：

① MDQ——10^{-9}g（约 10×10^{-6}）。

② 响应——全部化合物。

③ 线性——10^4。

④ 稳定性——好。

⑤ 温度上限——400℃。

⑥ 载气——氦气。

8.5　电子捕获检测器（ECD）

气相色谱检测器 ECD 是 Lovelock 于 1961 年发明的 [29]。它是一种选择性检测器，对那些可"捕获电子"的化合物具有非常高的灵敏度，如卤代农药，因此，它的主要用途之一是农药残留分析。

它是一种离子化型检测器，但与大多数这类检测器不同的是，样品中的组分会引起电离水平的降低，从而被检测。当没有待测组分存在时，放射性 ^{63}Ni 放射出如式（8.5）所示的 β 粒子：

$$^{63}Ni \longrightarrow {}^{0}\beta^- + {}^{63}Cu \qquad (8.5)$$

使用带负电荷的粒子与作为载气的氮气碰撞，产生了更多电子：

$$\beta^- + N_2 \longrightarrow 2e^- + N_2^+ \qquad (8.6)$$

这一过程形成的电子产生较高的基流（约为 $10^{-8}A$），可用正电极收集。当电负性分析物从柱中洗脱并进入检测器时，它捕获一些自由电子，基流减小，产生一个负峰：

$$A + e^- \longrightarrow A^- \qquad (8.7)$$

形成的负离子的移动速度比自由电子要慢，因此不能被阳极吸收。这个过程的数学关系类似于比尔定律（用来描述电磁辐射的吸收过程）。因此，吸收或捕获的程度与被分析物的浓度成正比。表 8.6[30] 给出了一些化合物的相对响应因子，从这些数据可以看出卤代物具有高选择性。

表 8.6　相对 ECD 摩尔响应 [28]

化合物	ECD 响应①
CH_3Cl	1.4
CH_2Cl_2	3.5
$CHCl_3$	420
CCl_4	10000
CH_3CH_2Cl	1.9
CH_2ClCH_2Cl	4.2
$CH_3CHClCH_3$	1.8
$(CH_3)_3CCl$	1.5
$CH_2 = CHCl$	0.0062
$CH_2 = CCl_2$	17
$trans\text{-}CHCl = CHCl$	1.5
$cis\text{-}CHCl = CHCl$	1.1
$CHCl = CCl_2$	460

化合物	ECD 响应[1]
$CCl_2=CCl_2$	3600
$Ph—Cl$ [2]	0.026
$Ph—CH_2Cl$ [2]	38
CF_3Cl	6.3
CHF_2Cl	1.8
CF_2Cl_2	160
$CFCl_3$	4000

资料来源：经格里姆斯鲁德公司授权，版权归 John Wiley & Sons 公司所有。
[1] 相对摩尔响应是使用瓦里安 3700 GC/CC-ECD 仪器测定的，测定温度为 250℃，载气为氮气。
[2] Ph ＝苯基。

　　用于 ECD 的载气可以是非常纯的氮气（如前面的机理所述），也可以是含 5% 甲烷的氩气混合气。当与毛细管柱一起使用时，通常需要一些辅助气，比较便捷的选择是使用价格较便宜的氮气作辅助气，用氦气作载气。

　　典型 ECD 的原理图如图 8.12 所示。氚和 ^{63}Ni 都可以作为放射源，但镍可以在更高的温度下使用（最高可达400℃），而且其放射性水平较低，也更安全，因此是首选。

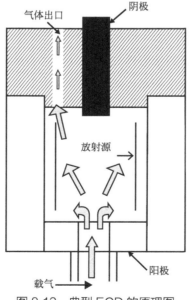

图 8.12　典型 ECD 的原理图

结果表明，当外加电压为脉冲式而不是连续施加时，系统的性能得到了改善。无论待测物是否在反应池中，在保持恒定电流的频率下施加约为 −50V 的方波脉冲，当存在待测物时，脉冲频率会更高。脉冲 ECD 的 MDQ 较低，因此线性范围更宽。图 8.13 是飞克级农药残留分析的一个示例。

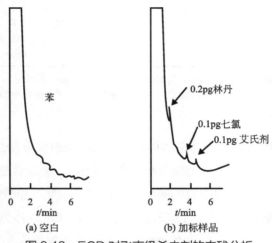

图 8.13　ECD 对飞克级杀虫剂的农残分析

ECD 的主要缺点是必须使用具有许可证或至少需要定期辐射检测的放射源。一种新型的 ECD 使用脉冲放电（PDD），因此不需要放射源[31,32]。这种检测器已商用，也可以作为氦电离检测器在不同的条件下运行。

ECD 是最容易被污染的检测器之一，氧和水将会影响其性能。因此必须要求气体超纯和干燥，仪器无泄漏且样品干净。污染的证据通常是一个有噪声的基线或峰值，其在每个待测物峰之前和之后都有小的负的下降。清洗有时可以用氢载气在高温下燃烧掉杂质来完成，但通常需要将其拆卸下来清洗。

总的而言，ECD 是一种对卤素化合物具有高灵敏度的选择性检测器，但是容易被污染，而且更容易出现问题。

ECD 特性概述：

① MDQ——$10^{-12} \sim 10^{-9}$g。

② 响应——强选择性。

③ 线性范围——$10^{3} \sim 10^{4}$。

④ 稳定性——较好。

⑤ 温度上限——400℃。

⑥ 载气——超纯氮气。

8.6 其他检测器

表 8.1 列出了已商用和常用的主要检测器。本节简要描述了其中的一些，图 8.14 对大部分检测器的线性范围进行了比较。

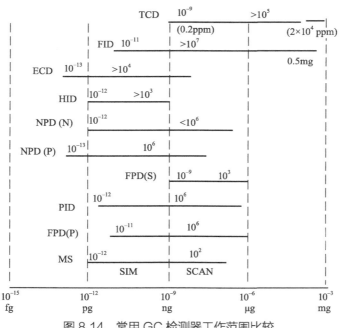

图 8.14 常用 GC 检测器工作范围比较

8.6.1 氮磷检测器（NPD）

当 Karmen 和 Giuffrida[33] 在 1964 年发明了这种检测器时，它被称为碱金属火焰离子化检测器（AFID），因为它由一个 FID 组成，其中添加了一颗碱金属盐珠。随着该检测器的不断发展，其名称也随之发生了一些变化，如热离子化检测器（TID）、火焰热离子检测器（FTD）、热离子特异性检测器（TSD）等。

基本上，Karmen 和其他人已经发现，当碱金属盐在火焰附近存在时，FID 表现出选择性更高的灵敏度。铷或铯盐珠在发生火焰电离的区域被电加热。虽然机理尚不清楚，但该检测器对含磷、氮和一些含卤素物质的检测能力确实增强了。

8.6.2　光离子化检测器（PID）

自 1960 年以来，这种离子化型检测器的发展经历了几次设计的更新。以目前的形式，紫外灯（例如 10.2eV）发射出的高能光子足以直接电离许多有机化合物，将产生的离子收集并放大，便形成了检测信号。

一种相关类型的检测器使用火花产生高能光子，使样品电离。这种检测器被称为放电离子化检测器（DID）。它可用于分析比 TCD 更低含量的固定气体。

8.6.3　火焰光度检测器（FPD）

1966 年采用 FID 型火焰的火焰光度法被用于气相色谱检测中，该检测器即为火焰光度检测器（FPD）。FPD 的应用主要是分析农药残留和空气污染物中的含硫有机物（394nm）和含磷有机物（526nm）。

8.6.4　质量选择检测器（MSD）

质谱仪可用作气相色谱检测器。它们需要具有兼容的特性，并与色谱仪进行适当耦合。质谱仪作为 GC 检测器时被称为 MSD，并将这种联用技术称为 GC‑MS，意味着将两种分析仪器进行耦合。无论名称如何，质谱仪与气相色谱仪的结合是一种非常强大、实用和广受欢迎的联用技术，我们将在第 10 章进行更详细的论述。

有关表 8.1 中所列检测器的更多信息，请参阅该表和本章下面所引的参考资料。

参考
文献
[1] David, D. J. (1974). *Gas Chromatographic Detectors*. New York: John Wiley & Sons.

[2] Hill, H. H. and McMinn. D. G. (eds.)(1992). *Detectors for Capillary Chromatography*. New York: John Wiley & Sons.

[3] Scott. R. P. W. (1996). *Chromatographic Detectors: Design, Function and Operation*. New

York: Marcel Dekker.

[4] Henrich, L. H. (2004). *Modern Practice of Gas Chromatography*, 4e(ed. R. L. Grob and E. F. Barry). New York: John Wiley & Sons, Chapter 6.

[5] Sternberg. J. C., Gallaway, W. S., and Jones, D. T. C. (1962). *Gax Chromarography, Third International Symposium, Insirument Society of America*, 231-267. Academic Press.

[6] Sevcik, J., Kaiser, R. E., and Rieder, R. (1976). *J. Chromatogr* 126: 361.

[7] Sievers, R. E. (ed.)(1995). *Selective Detectors: Enviromental, Industrial, and Biomedical Applications*. New York: John Wiley & Sons.

[8] Martin, A. J. P. and James, A. T. (1956). *Biochem. J.* 63: 138.

[9] Liberti. A., Conti. L., and Crescenzi, V. (1956). *Nature* 178: 1067.

[10] Miller, J. M. (2005). *Chromatography: Concepts and Contrasts*, 2nd. Hoboken, NJ: John Wiley & Sons.

[11] Ouchi, G. I. (1996). *LC-GC* 14: 472-476.

[12] Grant, D. W. (1996). *Capillary Gas Chromatography*. New York: John Wiley & Sons.

[13] Johnson, E. L. and Stevenson, R. (1978). *Basic Liquid Chromatography*, 278. Palo Alto, CA: Varian Associates.

[14] Ettre, L. S. (1993). *Pure Appl. Chem.* 65: 819-872.

[15] MacDougall, D., Amore, F. J., Cox, G. V. et al. (1980). *Anal. Chem.* 52: 2242-2249.

[16] (2018). *The United States Pharmacopeia, USP 41 NF 36*. Rockville, MD: United States Pharmacopeial Convention, Inc.

[17] Hinshaw, J. V. (1996). *LC-GC* 14: 950.

[18] Holm, T. and Madsen, J. O. (1996). *Anal. Chem.* 68: 3607-3611.

[19] Scanlon, J. T. and Willis. D. E. (1985). *J. Chromatogr. Sci.* 23: 333-340.

[20] Simon, R. K. Jr. (1985). *J. Chromatogr. Sci.* 23: 313.

[21] Beach, C. A., Krumm, C., Spanjers, C. S. et al. (2016). *Analyst* 141: 1627.

[22] Maduskar, S., Teixeira, A. R., Paulsen. A. D. et al. (2015). *Lab on a Chip* 15: 440.

[23] Wittebrood, R. T. (1972). *Chromatographia* 5: 454.

[24] Pecsar, R. E., DeLew, R. B., and Iwao, K. R. (1973). *Anal. Chem.* 45: 2191.

[25] Lochmuller, C. H., Gordon, B. M., Lawson, A. E., and Mathieu, R. J. (1978). *J. Chromatogr. Sci.* 16: 523.

[26] Lawson, A. E. Jr. and Miller, J. M. (1966). *J Chromatogr. Sci.* 4: 273.

[27] Miller, J. M. and Lawson, A. E. Jr. (1965). *Anal. Chem.* 37: 1348-1351.

[28] Purcell, J. E. and Ettre, L. S. (1965). *J. Chromatogr. Sci.* 3: 69.

[29] Lovelock, J. E. (1961). *Anal. Chem.* 33: 162.

[30] Grimsrud. E. P. (1992). *Detectors for Capillary Chromatography* (ed. H. H. Hill and D. G. McMinn). New York: John Wiley & Sons, Chapter 5.

[31] Mudabushi, J., Cai, H., Stearns. S., and Wentworth, W. (1995). *Am. Lab* 27(15): 21-30.

[32] Cai, H., Wentworth, W. E., and Stearns, S. D. (1996). *Anal. Chem.* 68: 1233.

[33] Karmen, A. and Giuffrida. L. (1964). *Nature* 201: 1204.

第**9**章

定性与定量分析

气相色谱可用于定性和定量分析。因为它对定量分析更有用，所以本章的大部分内容都专门针对该主题。但是，我们首先简要介绍定性分析。

9.1 定性分析

用于定性分析的色谱参数是保留时间或一些与之密切相关的参数。但是，由于保留参数无法确认峰的同一性，通常将光谱仪 [通常为质谱（MS）] 与气相色谱（GC）联用进行定性分析。第 10 章将详细讨论 GC-MS 和其他光谱检测器。

表 9.1 列出了 GC 中用于定性分析的最常用方法。参考文献 [1] 对这些方法及其他方法 [1-4,6-13] 做了很好的总结。

表 9.1　GC 定性分析方法

类型	方法	参考文献
1. 保留参数	保留时间 相对保留时间；保留指数	[1, 2] [3-5]
2. 选择性检测器的使用	双通道 GC 在线模式 质谱或质量选择检测器（MSD） 红外光谱检测器（FTIR）	[2] [1, 6, 7] [2, 6, 8] [2, 6, 9-11]

类型	方法	参考文献
2. 选择性检测器的使用	离线模式 质谱，质量选择检测器（MSD） 红外光谱检测器，核磁共振检测器，紫外线检测器	[6]
3. 其他方法	化学衍生法 柱前衍生化 柱后衍生化 热解 - 色谱分析 分子量色谱仪（气体密度平衡）	[1, 2, 6] [12] [1, 2, 13]

9.1.1　保留参数

如果以下色谱柱变量保持恒定，则可以使用给定溶质的保留时间对溶质定性：长度、固定相、膜厚（液体负荷）、温度和头压（载气流速）。例如，假设未知样品产生了如图 9.1（a）所示的色谱图（顶部）。如果希望知道哪个成分是正丁醇，可以在相同条件下运行一系列正丁醇标样，产生如图 9.1（b）所示的色谱图（底部）。如图所示，保留时间与标样的保留时间完全匹配的那些峰可以被识别为正丁醇。在此例子中，仅当未知物的成分确实是醇类时，此识别过程才有效。试验的目的是识别成分，因此仍然需要使用基于光谱仪的技术（例如 GC-MS）进行确认，以进行明确的识别。

给定条件下的保留时间是气相色谱系统的一个特征，但它们不是唯一的，因此仅有保留时间不能用于明确的定性确认。

相对保留时间比单个保留时间具有更高的重现性，因此最好在相对的基础上报告定性数据。Kovats 保留指数（请参阅第 5 章）是报告相对保留数据的经典方法，并且非常可靠。

即使使用 Kovats 保留指数和其他相对保留参数，也不会总是产生可在计算机分析和比较中使用的恒定值。因此，一些制造商开发了软件和方法以促进获得恒定的保留参数。例如，安捷伦科技公司为其仪器提供了一种称为保留时间锁定（RTL）的程序。通过调节不同系统上的入口压力，可以使分析物在使用相同液相的两个系统上的保留时间紧密匹配[14]。

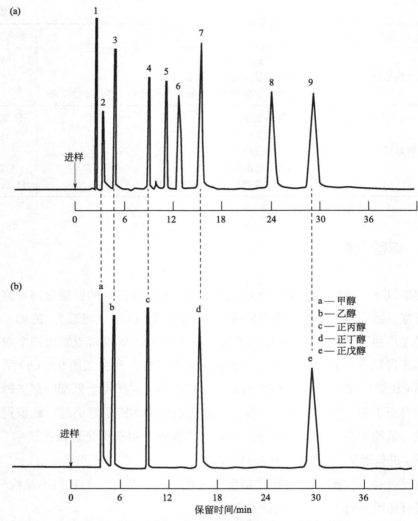

图 9.1　通过使用标准的保留时间来识别未知物

（a）未知醇的混合物；（b）醇的标准混合物

资料来源：Miller[15, p.354]，转载自 John Wiley & Sons, Inc

9.1.2　选择性检测器和双检测器

选择性检测器有时可以用来帮助识别对其具有高灵敏度的化合物。有关的更多信息和参考，请查阅第 8 章中的检测器列表。

更有趣的是，在色谱柱出口处并行使用两个不同的检测器，即所谓的双通道检测。选择的检测器对于不同种类的化合物在灵敏度上应该有很大的不同。同时记录两个信号，产生平行色谱图，如图9.2所示。可以通过检查色谱图（图9.2和图9.3）或从检测器响应的比率中进行识别。后者通常是化合物类别的特征。图9.4显示，在此示例中，图9.3中的数据比率明显区分了石蜡、烯烃和芳烃。当与保留指数相结合时，该比率可以实现在给定类别内特定同系物的识别。

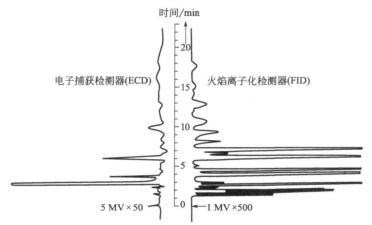

图9.2　采用气相色谱法在DC-200填充柱上对汽油样品进行双通道分析

资料来源：Perkin Elmer公司提供，Miller[15, p.259]；转载自John Wiley & Sons, Inc

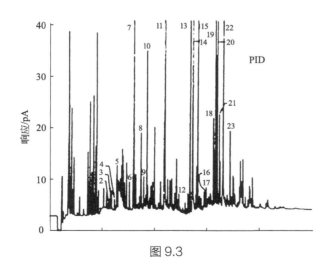

图9.3

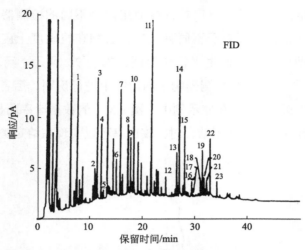

图 9.3　停车场空气污染物的气相色谱双通道分析

资料来源：经许可转载自参考文献 [14]，版权归美国化学学会（1983）所有。
摘自 Miller[15, p.360]，转载自 John Wiley & Sons, Inc

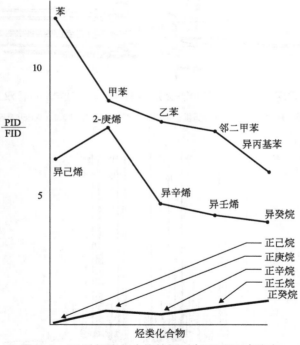

图 9.4　15 种烃类化合物的相对（PID/FID）响应

资料来源：经许可转载自参考文献 [14]，版权归美国化学学会（1983）所有。
摘自 Miller[15, p.361]，转载自 John Wiley & Sons, Inc

9.1.3 离线仪器和测试

原则上，可以从色谱柱上收集流出物，并在任何合适的仪器上进行识别。图 9.5 显示了一个用于在冷阱中收集流出物的简单设置。可以将捕获的样品转移到用于鉴定的仪器（MS、FTIR、NMR、UV），进行微量分析或与化学试剂反应以生成特征衍生物。然而，最有用的光谱仪（MS、FTIR 和 VUV）通常是在线耦合的。由于样本量较大，离线光谱仪通常与填充柱系统一起使用。光谱仪的在线耦合将在第 10 章中介绍。

可以用于识别的其他方法是热解、衍生化和分子量色谱。这些方法的参考资料见表 9.1。

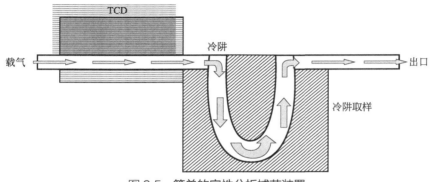

图 9.5　简单的定性分析捕获装置

9.2　定量分析

进行定量测量总是伴随着误差，并且需要了解检测器（请参阅第 8 章）和数据系统（请参阅第 3 章）。采样、样品制备、仪器和方法验证以及质量保证都是该过程中的重要部分。越来越流行的痕量分析要求分析中的所有步骤都必须谨慎进行。作为痕量分析中常见准则的示例，美国化学学会环境分析化学小组委员会的报告[17] 讨论了数据采集和数据质量评估的问题。在药物分析方面，《美国药典》（USP）对方法验证提供了广泛的指导[18]。标准的关于仪器分析的本科生教材也对统计数据和方法评价进行了深入的分析[19]。

此处简要介绍了处理误差分析的统计方法，并简要讨论了典型误差。然后，介绍了常用的分析方法。

9.3 定量计算统计

测量误差可以分为确定误差和不确定误差。后者是随机的，可以进行统计学处理（高斯统计）；前者不是，应该找到并消除非随机误差的来源。

如果测量次数足够大，则随机误差的分布应遵循高斯曲线或正态曲线。第2章给出了正态分布的形状（图2.4）。它可以通过两个变量来描述：集中趋势和集中趋势的对称变化。集中趋势的两个度量是平均值 X 和中位数。这些值中的一个通常被认为是分析的正确值，尽管统计上没有正确的值，而是最有可能的值。分析人员确定此最可能值的能力称为准确性。

数据围绕平均值的分布通常以标准（偏）差 σ 来衡量：

$$\sigma = \sqrt{\frac{\sum(x-\bar{x})^2}{(n-1)}} \tag{9.1}$$

测量次数表示为 n。标准差的平方称为方差。以较小的 σ 获取数据的能力称为精密度。高精密度意味着低方差。

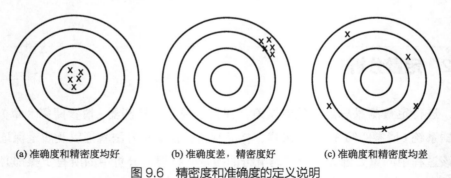

(a) 准确度和精密度均好　　　　(b) 准确度差，精密度好　　　　(c) 准确度和精密度均差

图 9.6　精密度和准确度的定义说明

资料来源：Miller[16, p.99]，转载自 John Wiley & Sons, Inc

精密度和准确度可以简单地表示为目标的射击，例如用弓箭表示，如图 9.6 所示。图 9.6（a）显示了良好的精密度和准确度，图 9.6（b）显示了良好的精密

度，但准确度较差，图 9.6（c）显示了较差的精密度，除非进行大量射击，否则将导致准确度下降。图 9.6（b）中的情况表明存在确定的误差。也许是弓箭没有对准。

通常使用另外两个术语来区分两种类型的精密度。一个是重复性，是指同一实验室、同一分析人员和同一台仪器对相同样品多次分析的精密度。另一个是重现性（或再现性），指的是不同实验室、不同分析人员和不同仪器对相同样品分析的精密度。正如我们预期的一样，重现性通常不如重复性好。

《美国药典》用于指定仪器重现性的一个相关术语是坚固性。当长时间在许多不同实验室中使用相同的测试方法时，它表示了一种严格的测试条件。

在一组数据中，相对标准偏差（RSD）比标准偏差本身携带更多的信息。RSD 有时称为变异系数，定义为：

$$RSD = \sigma_{rel} = \frac{\sigma}{X_{avg}} \tag{9.2}$$

通常提供用来表征分析结果的最少信息是我们讨论的两个变量（通常是均值和相对标准偏差）之一。表 9.2 包含两组由两名不同的分析人员获得的数据。虽然两者的平均值相同，但化学家 B 的相对标准偏差较小，因此被认为是更好的分析者或使用更好系统的分析者。

表 9.2　两位分析员的精密度比较（甲乙酮的气相色谱分析结果）

项目	化学家 A	化学家 B
测试结果	10.0	10.2
	12.0	10.6
	9.0	9.8
	11.0	10.1
	8.0	9.3
Ave（平均值），$\bar{X}$	10.0	10.0
St. Dev.，σ	1.58	0.48
RSD，σ_{rel}	15.8%	4.8%

所有定量程序中的一个步骤是校准步骤。在痕量分析中，校准是必不可少的，而且常常是获得准确度的限制因素。良好的校准和高的精密度可产生高的准确度。

9.3.1 减少测量误差

在定量分析中，GC 分离只是整个过程中的一个步骤。任何步骤中发生的误差都可能使最好的色谱分析失效，因此必须注意所有步骤。

分析通常包括以下步骤：取样、样品制备和处理、分离（色谱）、分析物检测、包括峰面积积分在内的数据分析和计算。在过去的四十年中，随着仪器和数据分析的重大进步，基于 GC 的方法的主要误差来源通常是采样和样品制备，尤其是在涉及脏基质的情况下。

取样的目的是得到一个能代表整体的小样本。样品制备包括研磨和粉碎、溶解、过滤、稀释、提取、浓缩和衍生化等技术。在每个步骤中，都必须注意避免损失和污染。如果使用内标（在本章后面讨论），则应在开始样品处理之前将其添加到样品中。

气相色谱分离应按照本色谱专著和其他色谱专著的建议进行；目标是所有峰的良好分辨率、对称峰、低噪声水平、较短的分析时间、检测器线性范围内的样品大小等。

第 3 章介绍了数据分析和数据系统。将模拟信号转换为数字数据特别受关注。可以通过以下两种方法之一完成此任务：峰下面积的积分或峰高的测量。对于当今的电子积分器和计算机，峰面积积分是首选的方法，尤其是在运行过程中色谱条件可能发生变化时（例如色谱柱温度、流速或样品进样重现性）。但是，峰高测量值受重叠峰、噪声和倾斜基线的影响较小。在随后的讨论中，所有数据都将以峰面积的形式呈现。

9.4 定量分析方法

此处将简要讨论五种定量分析方法，从最简单和最不精确到更复杂和更精确。每种方法都有优点和缺点。在进行分析时，应仔细考虑所提出的科学问题，然后选择定量方法。

① 面积归一化法。

② 用响应因子进行面积归一化法。

③ 外标法。

④ 内标法。

⑤ 标准加入法。

9.4.1　面积归一法

顾名思义，面积归一化实际上是面积百分比的计算，假定面积百分比等于权重百分比。如果 X 是未知的分析物，则 X 的面积百分比为：

$$X\text{的面积百分比(\%)} = [\frac{A_x}{\sum_i (A_i)} \times 100] \tag{9.3}$$

式中，A_x 是 X 的面积，分母是所有面积之和。要使此方法准确，必须满足以下标准：

① 所有的分析物都必须洗脱。

② 必须检测所有的分析物。

③ 所有分析物必须具有相同的灵敏度（响应／质量）。

这三个条件很少得到满足，但是这种方法很简单，如果半定量分析就足够了，或者如果某些分析物尚未鉴定出来或无法以纯的形式获得（用于制备标准品），这种方法通常是有用的。

9.4.2　用响应因子进行面积归一化法

如果有可用的标准，则可以通过运行标准以获得相对响应因子 f 来消除第三个限制。选择一种物质作为标准物（可以是样品中的分析物），并且其响应因子 f 可以为任意值，通常为 1.00。混合物（按质量计）由标准物和其他分析物组成，并进行色谱分离。分别测量标准峰（A_s）和未知峰（A_x）的面积，并计算未知峰的相对响应因子 f_x。

$$f_x = f_s \times \frac{A_s}{A_x} \times \frac{w_x}{w_s} \tag{9.4}$$

式中，w_x/w_s 是未知物质与标准物质的权重比。

对于大多数常见的检测器，一些常见化合物的相对响应因子已经发表，Dietz 早期工作的一些代表性值在表 9.3 中给出，用于 FID 和 TCD。

表9.3　FID 和 TCD 的相对响应值

化合物		相对响应因子（权重）%	
		FID[①]	TCD
正构烷烃	甲烷	1.03	0.45
	乙烷	1.03	0.59
	丙烷	1.02	0.68
	丁烷	0.92	0.68
	戊烷	0.96	0.69
	己烷	0.97	0.70
	辛烷	1.03	0.71
支链烷烃	异戊烷	0.95	0.71
	2,3- 二甲基戊烷	1.01	0.74
	2,3,4- 三甲基戊烷	1.00	0.78
不饱和烷烃	乙烯	0.98	0.585
芳香烃	苯	0.89	0.78
	甲苯	0.93	0.79
	邻二甲苯	0.98	0.84
	间二甲苯	0.96	0.81
	对二甲苯	1.00	0.81
含氧化合物	丙酮	2.04	0.68
	甲乙酮	1.63	0.74
	乙酸乙酯	2.53	0.79
	二乙醚	—	0.67
	甲醇	4.35	0.58
	乙醇	2.17	0.64
	正丙醇	1.67	0.60
	异丙醇	1.89	0.53
含氮化合物	苯胺	1.33	0.82

① FID 响应值是 Dietz[20] 在原始出版物中给出的响应值的倒数，因此它们与 TCD 值一致。

注：经参考文献 [20] 作者的许可转载。

这些值为 ±3%，它们是使用填充柱获得的，因此它们可能包含一些柱流失。为了获得最高的准确度，使用者应该确定自己的响应因子。它们可能因仪器的不同而略有不同。

当运行未知样本时，测量每个面积并乘以其因子。然后，按照前面的方法计算百分比：

$$X \text{的质量百分比}(\%) = [\frac{A_x f_x}{\sum_i (A_i f_i)}] \times 100 \qquad (9.5)$$

例如，考虑用热导检测器（TCD）分析乙醇、己烷、苯和乙酸乙酯的混合物。得到的面积列于表 9.4，响应系数列于表 9.3。每个面积乘它的响应因子：

乙醇：（5.0）×（0.64）　＝ 3.20
己烷：（9.0）×（0.70）　＝ 6.30
苯：（4.0）×（0.78）　＝ 3.12
乙酸乙酯：（7.0）×（0.79）＝ 5.53
总　计　　　　　　　　＝ 18.15

接下来，对每个校正面积进行归一化以获得百分比，例如：
乙醇：（3.20/18.15）×100% ＝ 17.6%
该值和其他值在表 9.4 中给出，其中包含使用响应因子完成的分析（权重）。

表 9.4 的最后一列还包含了由于不使用响应因子而导致的误差。它们是校正后的权重值和（未校正的）标准化面积百分比之间的差。

当然，对于任何给定的分析，实际误差将取决于各个响应值之间的相似性或差异性。这些计算仅作为典型示例。

表 9.4　响应因子面积归一化的实例

化合物	原始面积	权重响应因子	纠正区域	权重 /%	面积百分比 /%	绝对误差
乙醇	5.0	0.64	3.20	17.6	20.0	+2.4
己烷	9.0	0.70	6.30	34.7	36.0	+1.3
苯	4.0	0.78	3.12	17.2	16.0	−1.2
乙酸乙酯	7.0	0.79	5.53	30.5	28.0	−2.5
总计	25.0	—	18.15	100.0	100.0	

9.4.3 外标法

此方法通常以图形方式执行，并且包含在大多数数据系统的软件中。这是在学校学过的使用紫外光谱学或类似方法的经典校准方法。分析已知量的感兴趣的分析物，测量面积，并绘制校准曲线。如果标准溶液的浓度不同，则必须将恒定体积的所有样品和标准溶液引入色谱柱。手动进样通常不能令人满意，并限制了该方法的价值。自动进样可以获得更好的结果。如今，使用这种方法的自动进样器具有出色的精密度。

如果未绘制校准曲线，而使用数据系统进行计算，则将执行略有不同的程序。由纯标准品制备的校准混合物经称重并色谱分离。

在数据系统中，为每种分析物存储了一个绝对校准系数，等于每单位面积产生的克数。运行未知混合物时，将这些因子乘以未知物中每种分析物的各自面积，得出每种分析物的质量值。与前面描述的多点曲线相比，此过程是单点校准，精密度稍差。还请注意，这些校准因子与面积归一化方法中使用的相对响应因子不同。

9.4.4 内标法

对于无法高度重现的技术以及不经常（或无法）重新校准的情况，此方法和下一个方法特别有用。内标方法不需要精密度一致的样本量或响应因子，因为后者内置在方法中；因此，这对于手动进样很有好处。为该方法选择的标准物质绝不能是样品中的成分，并且不能与任何样品峰重叠。将已知量的该标准物质添加到每个样品中，因此称为内标（IS）。内标必须满足几个条件：

① 需要和目标溶质洗脱时间相近。

② 能很好地复溶到其中。

③ 它在化学性质上应与目标分析物相似，并且不得与任何样品成分发生反应。

④ 与任何标准物质一样，它必须具有高纯度。

在进行任何化学衍生化或其他反应之前，以与目标分析物大约相同的浓度向每个样品中加入相同量的内标物。如果要测定许多分析物，则可以使用几种内标来满足上述标准。

由分析物的纯样品制成三种或更多种校准混合物。将已知、恒定量的内标添加到每种校准混合物和未知样品中。通常按体积添加相同量的标准品（例如1.00mL）。所有的面积都是通过数据系统或手工测量并参考内标的面积。

如果使用多个标准，则会绘制如图 9.7 所示的校准图，其中两个轴都是相对于标准的。如果将相同量的内标物添加到每种校准混合物中并且未知，则横坐标可以简单地表示浓度，而不是相对浓度。根据校准曲线或数据库中的校准数据确定未知值。在任何一种情况下，通过将所有数据都参考内部标准，可以消除从一次运行到下一次运行的任何条件变化。此方法通常可产生更高的准确度，但确实需要更多的步骤并且花费更多的时间。

美国环保署的一些方法提到了一种叫作"替代物"的标准。替代物的要求和使用它的原因与内部标准非常相似。但是，由于不使用替代物进行定量分析，所以这两个术语不一样，不应该相互混淆。通常，加标标准品用于评估样品处理过程中的损失和回收率。

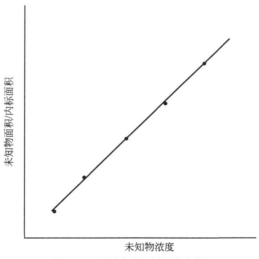

图 9.7　用内标法定量的实例

资料来源：Miller[15, p.304]，转载自 John Wiley & Sons, Inc

9.4.5　标准加入法

在这种方法中，标准物质也被添加到样品中，但是选择作为标准物质的化学物质与目标分析物相同。它需要高度可重现的样品量，而这是手动注射器进样的局限性。

该方法的原理是，加入标准物所产生的额外增量信号与加入标准品量成正比，该比例可用于测定原样品中分析物的浓度。可以使用方程式进行必要的计算，但是原理在图形上更容易看到。图 9.8 显示了典型的标准加入校准图。请注意，不添加任何标准品时就会出现信号。它代表待定的原始浓度。随着样品中标准加入量的增加，信号增加，产生一条直线校准。为了求出原未知量，将直线外推到横坐标处：横坐标上的绝对值是原始浓度。在实际应用中，样品的制备和结果的计算可以采用几种不同的方法 [21]。

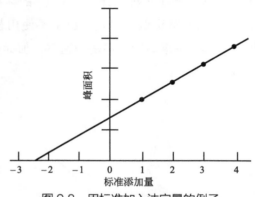

图 9.8　用标准加入法定量的例子

资料来源：Miller[15, p.304]，转载自 John Wiley & Sons, Inc

Matisova 等 [22] 提出，通过将标准加入法与原位内标法相结合，可以消除对可重现样品量的需求。在对石油中的烃类物质进行定量分析时，他们选择乙苯作为添加标准，但是他们使用了一个未知的邻峰作为他们参考数据的内标。与他们使用的面积归一化方法相比，该程序消除了对样本大小的依赖，并提供了更好的定量。

9.5　小结

气相色谱分析的结果可以有非常好的精密度和准确度，在理想情况下，相对标准偏差可低至 0.1%。一些典型的结果如表 9.5 所示。

表 9.5　GC 定量分析实例

化合物	真实权重 /%	GC 测定值 ± 标准偏差 /%	相对误差 /%
n-C10	11.66	11.54±0.02	1.0
n-C11	16.94	16.91±0.02	0.2
n-C12	33.14	33.17±0.02	0.1
n-C13	38.26	38.38±0.03	0.3

参考文献

[1] Grob, R. L. and Kaiser, M. A. (2004). *Modern Practice of Gas Chromatography*, 4e (ed. R. L. Grob and E. F. Barry). New York: John Wiley & Sons, Chapter 8.

[2] Leathard, D. A. (1975). *Advances in Chromatography*, vol. 13(ed. J. C. Giddings), 265-304. New York: Marcel Dekker.

[3] Blomberg, L. G. (1987). *Advances in Chromatography*, vol. 26 (ed. J. C. Giddings), 277-320. New York: Marcel Dekker, Chapter 7.

[4] Haken, J. K. (1976). *Advances in Chromatography*, vol. 14(ed. J. C. Giddings). New York: Marcel Dekker, Chapter 8.

[5] Zellner, B. A., Bicchi, C., Dugo, P. et al. (2008). *Flavour Fragr. J.* 23: 297-314.

[6] Ettre, L. S. and McFadden, W. H. (eds.) (1969). *Ancillary Techniques of Gas Chromatography*. New York: Wiley-Interscience.

[7] Krull, I. S., Swartz, M. E., and Driscoll, J. N. (1984). *Advances in Chromatography*, vol. 24 (ed. J. C. Giddings), 247-316. New York: Marcel Dekker, Chapter 8.

[8] Masucci, J. A. and Caldwell, G. W. (1995). *Modern Practice of Gas Chromatography*, 3e (ed. R. L. Grob), 393-425. New York: John Wiley & Sons.

[9] Leibrand, R. J. (ed.) (1993). *Basics of GC/IRD and GC/IRD/MS*. Wilmington, DE: Hewlett-Packard.

[10] Coleman, W. M. III and Gordon, B. M. (1994). *Advances in Chromatography*, vol. 34 (ed. P. R. Brown and E. Grushka), 57-108. New York: Marcel Dekker, Chapter 2.

[11] Schreider, J. F., Demirian, J. C., and Stickler, J. C. (1986). *J. Chromatogr. Sci.* 24: 330.

[12] Hu, J. C. (1984). *Advances in Chromatography*, vol. 23 (ed. J. C. Giddings), 149-198. New York: Marcel Dekker, Chapter 5.

[13] Bennet, C. E., DiCave, L. W., Jr., Paul, D. G., Wegener, J. A., and Levase, L. J. *Am. Lab.* 3 (5): 67 (1971).

[14] Agilent Technologies. https: //www. agilent. com/en/products/gas-chromatography/ sample-preparation-introduction/retention-time-locking (accessed October 2018).

[15] Miller, J. M. (2005). *Chromatography: Concepts and Contrasts*, 2e. Hoboken, NJ: John Wiley & Sons.

[16] Miller, J. M. (1987). *Chromatography: Concepts and Contrasts*. New York: John Wiley & Sons.

[17] McDougall, D., Amare, F. J., Cox, G. V., et al. (1980). *Anal. Chem.* 55: 2242-2249.

[18] United States Pharmacopeia General Chapter 〈621〉 Chromatography, First Supplement, USP 40-NF 35.

[19] Christian, D. G., Dasgupta, P. K., and Schug, K. D. (2013). *Analytical Chemistry*, 7e. New York: John Wiley and Sons.

[20] Dietz, W. A. (1967). *J. Chromatogr. Sci.* 5: 68.

[21] Bader, M. (1980). *J. Chem. Educ.* 57: 703.

[22] Matisova, E., Krupcik, J., Cellar, P., and Garaj, J. (1984). *J. Chromatogr.* 303: 151.

第 **10** 章

气相色谱与质谱和光谱检测器的联用

　　第8章中描述的大多数经典检测器对GC的新用户来说并不熟悉。它们是专门为解决检测通过检测器的气体分析物的特殊问题而设计的，这些气体分析物的含量低或浓度低，并且快速通过检测器。另外，在气相色谱的早期，大多数光谱分析仪都较难满足GC的要求，而且它们体积太大，在台式系统中很难与GC联用。如今，GC的检测正在复兴。大多数科学家更熟悉的许多光谱分析仪已经过改装，可与GC一起使用并简化了操作，并可以台式配置使用。

　　最值得注意的是，台式气相色谱质谱仪已被广泛使用，这为许多经典检测器提供了一种可能更通用且更经济的解决方案。现在GC-MS-MS联用技术也被多家仪器公司开发成台式系统。虽然GC-MS是最常用的光谱检测器，但还有许多其他的例子，包括大部分的电磁光谱。图10.1显示了与电磁光谱相比，许多光谱检测器已经成功地与GC联用。Shezmin Zavahir等 [1] 最近的综述，对光谱检测器进行了详尽的总结。

　　GC-MS、GC-MS-MS、GC-FTIR和GC-VUV作为一些最常用和通用的光谱检测器，本章将着重介绍。

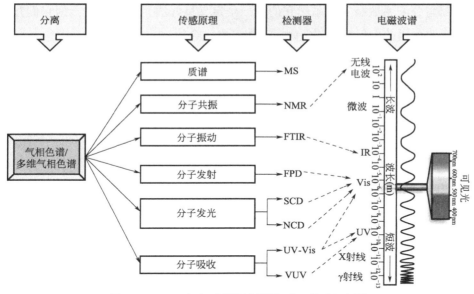

图 10.1　GC 与各种类型光谱检测器联用示意图

资料来源：经 Shezmin Zavahir 等 [1] 许可转载，版权归爱思唯尔（2018）所有

10.1　气相色谱 – 质谱联用（GC-MS）

GC-MS 是该技术的通用缩写，其中气相色谱仪直接耦合到台式质谱仪。在第 8 章中将质谱仪作为一种特殊的检测器（MSD）进行简要介绍，在本章中将进一步对其进行更全面的介绍。

如今，GC-MS 系统是大多数分析实验室的必不可少的组成部分。它们在所有的环境、食品和香料、芳香、石油、石化、法医和精细化学实验室中都扮演着重要的角色。在制药工业中，它们在测定最终产品和制造设备中的原材料和残留溶剂的质量方面也起着次要但重要的作用。据估计，全世界大约有 40000 套 GC-MS 系统在使用。那么是什么让这种组合如此流行呢？

如前所述，GC 是分离挥发性化合物的首要分析技术。它具有分析速度快、分辨率高、操作方便、定量结果好、成本适中等优点。不幸的是，气相色谱系统不能对所得色谱峰进行定性，也无法给出其结构特征，如第 2 章中所述，保留时间与分配系数有关，虽然它们是一个定义良好的系统的特征，但它们并不是唯一的。因此，仅使用 GC 数据不能识别化合物。

此外，质谱检测器是能提供最丰富信息的检测器之一。它仅需要低至纳克的样品量，便可开展未知化合物（结构、元素组成和分子量）的定性鉴定和定量分析。此外，它很容易与毛细管气相色谱系统联用。

关于 GC-MS 的更详尽的信息，还可以在涉及这个主题的许多专著中找到 [2-10]。

10.1.1　GC-MS 仪器

图 10.2 展示的是与 GC 一起联用的典型低分辨率质谱仪工作原理示意图。由于其体积小，通常将其称为台式 MS。大多数台式 GC-MS 系统使用单重四极杆、离子阱或飞行时间（TOF）质量分析器。目前 80% 的 GC-MS 系统配置了四级杆检测器。也可与双聚焦扇形磁铁质量分析系统联用，但它们不仅仪器价格昂贵，操作更复杂，并且不是台式机（即小型机）。

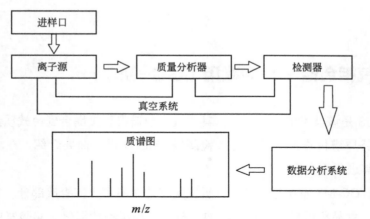

图 10.2　质谱仪的工作原理示意图

由于数据采集和仪器控制系统的复杂性，GC-MS 需要使用专门的程序来操作仪器、收集数据及进行数据处理。该程序能在无人值守的情况下，对气相色谱、质谱的操作及数据采集等实现自动化控制，并且还可以将采集到的数据与质谱库进行比较以进行峰鉴定。当前用于控制 GC-MS 的工作站具有速度快、储存容量大和兼容性好等优势，因此 GC-MS 联用技术在大多数有机分析实验室都广受欢迎。

10.1.2　进样口

如图 10.2 所示，进样口可将各种来源的非常少量的样品引入质谱仪。气瓶里的气体样品可以通过小针孔将其引入到离子源。液态样品或固体溶液可以通过带隔垫的进样口进样，最后，并且固体样品可以通过真空联锁系统来引入。为了与气相色谱仪联用，还尝试了许多种其他方法。

图 10.3 展示了毛细管 GC 系统与 MS 系统的联用的示意图。这两个系统均需加热（至 $200 \sim 300℃$），都用于分析处于气态的化合物，并且都仅需要少量样品（μg 或 ng）。GC 和 MS 系统具有非常好的兼容性。唯一的问题是，GC 的输出气压必须在 MS 进样口处降低到 $10^{-6} \sim 10^{-5}$Torr。两者的联用必须通过在接口处大幅度提高真空度来实现。

图 10.3　GC 与 MS 的联用

图 10.4 展示了目前使用的毛细管柱的通用接口。如今，大多数 GC-MS 系统都使用毛细管色谱柱，而熔融石英管则允许在两种系统之间进行惰性、高效的直接传输。对于 5mL/min 或更低的毛细管柱流速联用，可以使用直接接口。台式 GC-MS 系统可以轻松处理这些低流速，并提供更好的灵敏度（全部样品均传输至检测器中），更好地获得 GC 分离所得化合物的信息。

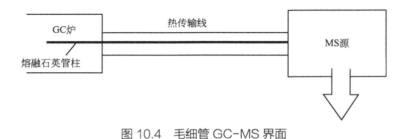

图 10.4　毛细管 GC-MS 界面

10.1.3 离子源

在进行质谱分析前，被分析物必须先离子化，以使其被适当的磁场或电场吸引（或排斥）。离子源的种类很多，但电子轰击（有时称为电子碰撞 [EI]）是最古老、最常见、最简单的电离技术。在高真空条件下，大多数样品很容易汽化并被灯丝所发射的高能电子（70eV）轰击，实现电离。

图 10.5 展示了典型的离子源示意图。将色谱柱的流出物传输至高真空下加热的离子源。电子在加速电场作用下从钨灯丝加速飞向电子接收极形成具有 70eV 的高速电子束。此时，施加在灯丝上的电压决定了轰击电子的能量。这些高能电子轰击到中性分子上，使其离子化（通常失去一个电子）和碎片化。这种电离技术通常使待分析物失去一个电子变成分子离子：

$$M + e^- \longrightarrow M^+ + 2e^- \tag{10.1}$$

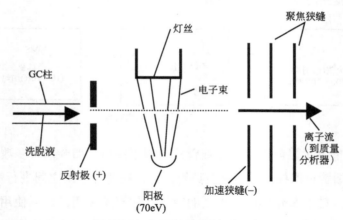

图 10.5　电子轰击离子源（EI）

其他的电离方式还包括化学电离（CI）、负化学电离（NCI）和快速原子轰击（FAB）等。在化学电离中，像甲烷这样的反应气会进入离子室，在此离子化后，产生的阳离子会进一步反应生成二次离子。例如：

$$CH_4 + e^- \longrightarrow CH_4^+ + 2e^- \tag{10.2}$$

$$CH_4^+ + CH_4 \longrightarrow CH_5^+ + CH_3 \tag{10.3}$$

二次离子（本例中为 CH_5^+）作为反应物使样品温和地离子化。通常这一过程会产生较少的化合物碎片和更多的简单质谱图。通常得到的主要质谱峰是（$M+1$）、（M）、（$M-1$）和（$M+29$），其中 M 是待测物的分子量。

使用化学电离的离子源通常与电子轰击离子源具有不同的设计，化学电离源具有较高的工作压力（部分是额外的反应气所致）、较低的运行温度。某些类型的分子还可以通过负化学电离产生良好的负离子光谱，这为化合物的分析提供了另一种选择。仅有 5% ~ 10% 的 GC-MS 系统配置了化学电离源。化学电离，特别是负化学电离具有较高的灵敏度和选择性，使其成为许多农药和爆炸物实验室必不可少的部分。

图 10.6 是采用化学电离和电子轰击电离 Ortal（分子量为 240 的巴比妥酸盐）所得质谱图的比较。化学电离质谱图的基峰为 241，是预期的（$M+1$）准分子离子峰。还有一些其他的小峰，但是此光谱显示了化学电离方法在提供分子量分析方面的价值。另一方面，电子轰击电离质谱图分子离子峰丰度很低，在其特征峰质荷比为 140 和 156，这些碎片离子是化学电离无法提供的，其可为物质结构的鉴定提供重要信息。

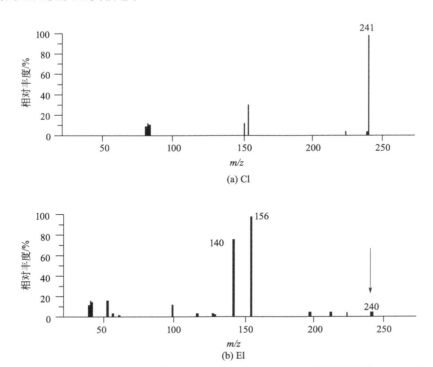

图 10.6　Ortal 的化学电离（CI）和电子轰击电离（EI）质谱的比较（M=240）

10.1.4 质量分析器和检测器

待测物质电离后，带电粒子（离子）被排斥，并被带电透镜捕获到质量分析器中。在这里，通过磁场或电场将具有不同质荷比（m/z）的离子碎片分开。常用的 GC-MS 的质量分析器包括四极杆、离子阱或飞行时间质量分析器。其他分析仪器还包括单聚焦磁分析器和双聚焦磁分析器（具有更高分辨率，更昂贵）。

四极杆质量分析器由四根平行的圆柱形电极组成，如图 10.7 所示。将直流电压施加到所有杆（相邻杆具有相反的符号），并且电压的极性迅速反转。因此，分析离子被电极快速（ns）吸引，然后快速排斥。射频也应用于四个杆上。根据频率和直流电势的组合，只有一种质荷比的离子将通过并到达检测器。具有其他质荷比的离子会撞击电极杆并被中和湮灭或被抽走。RF/DC 迅速上升，不同质荷比的离子依次通过该质量过滤器，撞击检测器表面并产生质谱图。RF/DC 的调整必须足够快，以允许至少 10 次 / 秒的 m/z 值范围（例如 40 ～ 400）被扫描，以便准确捕获快速洗脱的化合物。

图 10.7　四极杆质量分析器结构示意图

四极杆质量分析器具有操作简单、体积小、成本适中、扫描速度快等优点，是 GC-MS 系统的理想仪器。与双聚焦质谱仪相比，它被限制为约 2000 Da，并且分辨率较低。

图 10.8 是一款专门为 GC-MS 开发的离子阱质谱分析仪的示意图，它是专门为 GC-MS 开发的。它是四极杆的一种简化版本，其中仅在环形电极上施加了射频的基本上用作单极杆，从而为圆形电极空间内的带电物质定义了一个稳定的区域。该图是从侧面看的。如从顶部看，它看起来像一个甜甜圈，在孔中有顶盖和底盖。环形电极的顶部和底部均设有管端盖板（端盖电极）。气相色谱的流出物进入顶端盖，待测物质被电离，后被捕获在环形电极内部的稳定区域

中。通过更改射频频率，可从离子阱中依次喷出具有特定质荷比的离子，通过管端盖板到达检测器。

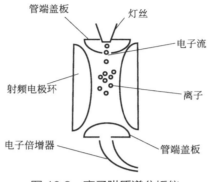

图 10.8　离子阱质谱分析仪

离子阱的设计也很简单，成本较低，并且能够满足 GC-MS 快速扫描的应用要求。离子阱产生的谱图与四极杆不同，因此，较早的经典质谱图库不能很好地与之匹配。在选择离子模式下，两种类型的质量分析器具有类似的灵敏度，其灵敏度不是由实际硬件所决定的，而很大程度上取决于控制程序和计算能力。但是在扫描模式下，离子阱的灵敏度通常比四极杆高 20 ～ 50 倍。

飞行时间分析器是四极杆飞行时间（Q-TOF）分析器的一部分，如图 10.9 所示，它是一种质量分析器，可以非常精确地测量具有相同动能（KE）的离子飞行固定距离的时间。从 GC 色谱柱流出的组分被 3kV 电子束轰击离子化后，在一个精确的时间点所有离子都以等量动能在推斥极电压作用下喷出。所有离子具有相同的初始能量（$KE = mv^2$），因此质量数较小的离子飞行速度越快，而质量数较大的离子则飞行速度越慢。每个离子的飞行时间都很容易与其质量建立相关关系。最初设计的飞行管很长（例如 1.0m），导致仪器只能采用笨重的落地式设计。现在 TOF 的飞行管短得多，现在 TOF 仪器具有更快的计时电子装置，并采用反射设计方式将飞行管折叠，离子在反射镜作用下顺着飞行管飞行。这样 TOF 仪器可以设计得更小，但仍是落地式，不适合做成台式。相比于四极杆质量分析器而言，飞行时间质量分析器具有更快和更灵敏的性能（通常价格更昂贵）。飞行时间分析器扫描速度非常快，因此它是全二维气相色谱 - 质谱（GC×GC-MS，在第 12 章中详细介绍）的首选检测器。这对于快速分析的

GC 而言是必不可少的部分（峰宽通常小于 1s）。GC/TOF-MS 虽在 GC-MS 市场中占很小份额，但正持续增长。现在如果不同时要求具有非常快速的扫描速率和高分辨率，已可在台式系统上实现 TOF MS 的应用。

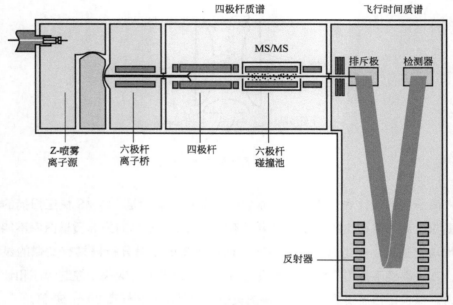

图 10.9　飞行时间质谱仪

　　离子分离后传输至检测器中进行检测，通常使用具有连续打拿极的电子倍增器进行离子计数并获得质谱图。该类型检测器的示意图如图 10.10 所示。从质量分析器出来的离子撞击半导体表面并释放出相应数目的光电子。由于相邻电极之间的电势差，在电场的作用下，产生的电子将被加速轰击到第一打拿极上，并产生更多的光电子。经过数次的轰击，电子逐级倍增，直到将原始弱的输入信号放大到 100 万倍以上。

　　注意，整个质谱系统处于高真空状态。这是为了避免带电粒子与其他离子、分子或表面碰撞而淬灭。

　　质谱图是离子丰度与质荷比间的关系图。在受控条件下，离子丰度和特定的质荷比能用于表征各个化合物。它们可用于确定每种化合物的分子量和化学结构。美国环保署已经明确指出，三种特征离子（不一定是唯一的），都有适当的比例和正确的保留时间，对于色谱峰的定性鉴定是至关重要的。

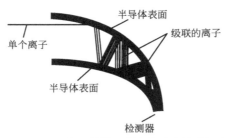

图 10.10　电子倍增器（连续动态倍增器）

10.1.5　泵系统

　　GC-MS 系统要求在高真空度中运行，因此必须使用特殊的泵系统。因为离子在离子源处产生后，需要通过质量分析器并到达检测器，为了不撞击到其他离子或分子，必须有很长的平均自由程，因此系统内高真空度是必不可少的。

　　分子涡轮泵［图 10.11（a）］是一个小型喷气发动机，当它发生故障时，它听起来就像一个小型喷气发动机。风扇叶片以极高的速度旋转，并紧密地连接到一系列叶片或固定叶片上。该系统（虽然很昂贵）非常高效，在某些情况下几分钟之内就可以快速地达到质谱工作所需的真空。分子涡轮泵能有效抽走多余的载气，并可以承受更高的气相色谱柱流速。

　　相比之下，扩散泵［图 10.11（b）］运行缓慢，大约需要 1h 才能达到工作所

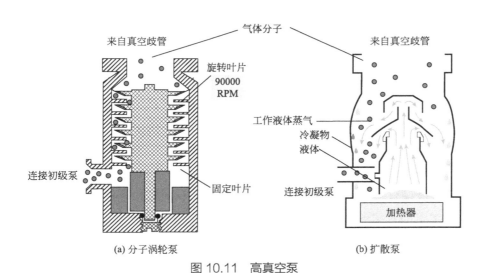

(a) 分子涡轮泵　　　　　　　　　(b) 扩散泵

图 10.11　高真空泵

需的真空度。加热器使高温的泵油汽化，并且蒸气沿泵壳内的挡板系统上升。当这些蒸气遇到具有较低温的外壳时，它们会凝结，将气态分子带回去，并通过初级抽泵将其除去。

10.1.6 GC-MS 的历史

J. J. Thomson 在 1913 年使用质谱仪分离原子同位素之后，质谱技术得到了缓慢发展并进一步改进，成为一种分析工具。前人的研究表明它对鉴定未知化合物以及阐明无机和有机化合物的结构都具有强大的作用。它广泛用于石油产品的表征，如果在 1952 年没有研制出气相色谱仪（1954 年研制出商业气相色谱仪），它的发展可能会更巨大。

MS 于 1959 年由 Gohlke 首次实现 GC 与质谱的联用 [11]。早期的仪器价格昂贵，具有笨重且复杂的系统，通常需要大量的专业知识和维护才能使其正常运行。到 20 世纪 60 年代后期，很明显，气相色谱具有巨大的需求，并且发展迅速，但是没有哪个气相色谱检测器能够提供与质谱仪一样多的化合物信息。此外，GC 本身无法鉴定未知峰。最终，美国环保署、美国食品药品监督管理局和其他政府实验室要求使用 GC-MS 对化合物进行鉴定。

因为进样口是 GC，所以可以简化 MS 要求。质量范围最初可以限制在约 600Da；GC 具有高分辨率，在大多数情况下，洗脱物纯度很高，因此低分辨率的质谱设计是可以接受的。困难的部分是开发快速的 m/z 扫描设备（希望每秒完成数次 40 ～ 400Da 质量范围的扫描）和使整个仪器更简单、更实用，以便使这些仪器可用于常规分析实验室。最初为四极杆能满足该要求，后来的离子阱和飞行时间检测器设计也满足了这些需求。

1968 年，Finnigan 仪器公司推出了四极杆 GC-MS，但是没有受到热烈欢迎。Finnigan 1015 型的设计采用大型地板模型，分辨率低且灵敏度有限。另外，其操作难度大，数据处理能力非常有限。当时，扇形磁质谱仪主导了分析市场。磁质谱具有更高的分辨率和更好的灵敏度。已经有大量的文献资料，并且许多科学家都对扇形磁质谱仪非常熟悉。要使台式四极杆系统主导 GC-MS 领域，不仅还需要一段时间，而且还要进行重大改进。

四极杆确实有几个优点：它们比磁形磁铁更小，成本更低，更重要的是，它们可以拥有比磁形磁铁更快的扫描速度，随着 GC 洗脱速度的加快，扫描速度就变得更重要了。在 20 世纪 70 年代，四极杆的灵敏度和分辨率不断提高。1971 年，惠普公司凭借具有四根杆和八个平行调谐电极的十二极质量分析器踏入 GC-MS 市场。1976 年，他们又推出了 5992A 型。这是第一个小型商用台式系统。到 1980 年，四极杆技术成为台式 GC-MS 系统的首选质量分析器。它们体积小、速度快、可靠性高、操作方便；它们与气相色谱联用，成为大多数有机分析实验室的必备仪器。

气相色谱质谱仪增长的主要因素是环境保护署强制性准则，首先是废水，然后是饮用水和空气质量的分析指南，只有 GC-MS 能够提供所需的分析。1970 年，在公众日益关注我们的环境的情况下，Richard Nixon 总统通过行政命令成立了环境保护署（EPA）。GC-MS 系统的快速技术改进和商业化归因于环境保护署准则要求的大量样品分析的需求。即使在今天，对空气、水、土壤和食物中挥发性污染物的环境分析仍占据着 GC-MS 系统的最高需求。正如一开始所说的，GC-MS 是任何挥发性有机化合物分析实验室中的关键组成部分。

10.1.7　GC-MS 的局限性

GC-MS 仪器本身比较昂贵，其操作也比 GC 更复杂，能非常熟练地操作 GC-MS 的人不多。很多大学未专门针对 GC-MS 开展教学，即便是一些大学教授也可能缺乏足够专业的 GC-MS 知识，因此，很少有大学本科生得到过系统的 GC-MS 培训和学习。例如具有相似结构的同分异构体（如二甲苯）的分析就具有较大的挑战性，因为其质谱结果几乎是完全一样的，因此需要采用色谱对其进行完全分离。

10.1.8　数据分析

图 10.12 是使用 GC-MS 测定的烃类样品的典型总离子色谱图，其与 FID 所获得的色谱图一致。特别是其具有窄的峰宽，其半峰宽通常约为 1s 或更小。这意味着质谱系统必须具有约 10 次/秒的速度扫描，才能满足定量分析的要求。

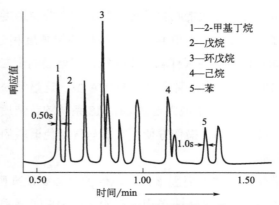

图 10.12　烃类样品的总离子色谱图

图 10.13 展示了在 GC-MS 系统的离子源中，正己烷裂解的机理（图 10.12 中的峰 4）。电离的电子激发母体分子，发射一个电子并生成分子离子（$m/z = 86$）。但是，分子离子不稳定，在此情况下会迅速分解为更稳定的碎片，因此产生了 m/z 为 71、57、43 和 29 的碎片。值得注意的是，碎裂是由于母体分子的电离而不是碰撞本身而引起的（电子的质量小于分子的 1/1000）。

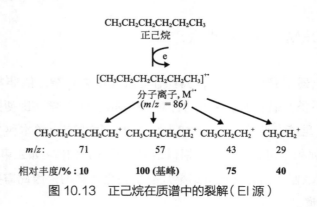

图 10.13　正己烷在质谱中的裂解（EI 源）

这些碎片中，$m/z = 57$ 的片段具有最高丰度，我们将该质荷比的片段称为基峰，数据处理系统将相对丰度定义为相对于基峰的相对丰度，计算出其他峰的相对丰度，数据系统将其绘制为频谱比例的 100%。图 10.14 展示了正己烷的典型质谱。

最终结果可以通过总扫描［总离子色谱图（TIC）］或代表特定化合物的离子扫描［选择性离子监测（SIM）］来绘制色谱图（参见图 10.15）。总离子流图用

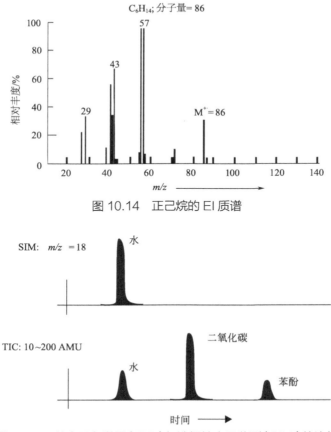

图 10.14　正己烷的 EI 质谱

图 10.15　总离子色谱图（TIC）与选择性离子监测（SIM）的比较

于鉴定未知化合物。扫描指定的质量范围，例如 40 ～ 400 Da。对所有色谱峰进行记录，因此可以将每个峰的结果与计算机中的谱库进行比对，对每个峰进行定性分析。计算机数据库拥有超过 220000 个化合物的标准质谱图，其能迅速将每个未知质谱图与谱库中质谱图进行比较。谱图匹配只需几秒便可完成，即可实现所需的定性分析。扫描选定范围内的所有离子所需的数据采集速率很慢，灵敏度有限，通常不是最佳的定量方法（数据点太少）。

但是，在选择性离子扫描模式中，仅扫描少量离子（通常为 3 或 4）。在 GC 峰的馏出时间（约 1s）内，数据采集速度更快，因此定量数据更好，灵敏度大大提高。选择性离子扫描不能用于定性分析（并非所有质量都被扫描），但这是对痕量目标化合物（通常低至 ng/mL 水平）进行分析的最佳模式。

10.2 气相色谱－质谱－质谱联用（GC-MS-MS）

离子阱和三重四极杆质量分析器的出现使多维质谱（MS-MS）可以与 GC 联用，现在已研制出台式的三重四极杆系统。MS-MS 的分析检测包括第一个质量分析器分离后的离子转移到第二个离子源和质量分析器中，并进行分析。这可以大大提高质谱仪作为检测器的选择性和灵敏度。使用 GC-MS-MS 法对很多分析物的检测浓度已达到或低于万亿分之一的水平。

图 10.16 展示了与 GC 联用的三重四极杆质谱仪的示意图。离子源和第一个四极杆具有与传统 GC-MS 相同的功能：离子源将分子离子化并裂解成碎片，第一个四极杆作为质量选择器。第二个四极杆用于重新聚焦和电离第一个四极杆中的选定片段。第二个离子源采用"软"化学电离，类似于本章前面所述。然后，第三个四极杆选择并分离这些新产生的离子，并将它们传递到电子倍增器中。

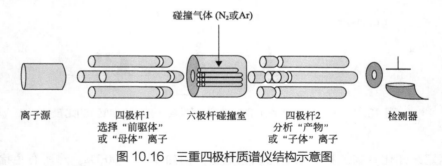

碰撞气体 (N₂或Ar)

| 离子源 | 四极杆1
选择"前驱体"
或"母体"离子 | 六极杆碰撞室 | 四极杆2
分析"产物"
或"子体"离子 | 检测器 |

图 10.16　三重四极杆质谱仪结构示意图

资料来源：经安捷伦 7000 三重四极 GC/MS 系统授权转载，概念指南：大图。
版权 2018，Agilent Technologies 公司

三重四极杆组合提供了几种增强 GC-MS 分析的方法：

① 第一个四极杆可以采用与往常一样的扫描方式，然后选择一个单一的子离子在第二个四极杆中被重新电离，然后在第三个四极杆中分析。这对定性分析特别有用；它可以获得子离子的谱图，极大地方便了谱图解释。

② 第一个四极杆可按常规选择离子模式运行，第二个四极杆可对选择的离子进行二次电离，第三个四极杆可进行扫描。这为选择性离子监测分析增加了一次选择性测量。

③ 第一个四极杆可在选择性离子模式运行，第二个四极杆可对选择的离子进行二次电离，第三个四极杆也可在选择性模式运行。这种双选择性离子监测模式被称为选择性反应监测，其灵敏度通常比传统选择性离子监测高 1 ~ 2 个数量级。

三重四极杆 GC-MS-MS 的主要缺点在于仪器成本较贵，可能需要专门的操作员，并且系统维护要比单四极杆 GC-MS 复杂得多。

当采用本章前面描述的离子阱质量分析器时，能较大降低 GC-MS-MS 的生产成本和复杂性 [12]。对离子阱电子器件的控制，以收集离子阱中的所有初始离子碎片，然后湮灭掉所有不需要的离子，从而在离子阱中保留单个离子。然后可以将单个离子再离子化为子离子，然后对其进行扫描。此配置降低了 MS-MS 的制作成本。

10.3 气相色谱－傅里叶变换红外光谱联用（GC–FITR）

GC-FTIR 是 GC-MS 的一种补充识别技术。傅里叶变换数据处理方法的灵敏度提高，极大地促进了其实用性。

常用的两个红外光谱接口是光导管 [13] 和基质隔离 [14]。在前一种方法中，柱流出物通过加热的红外气体电池（光管），后一种方法中，柱流出物被冷凝并冻结成适于红外光谱分析的基质 [15]。

红外光谱检测是无损的，因此可以将红外光谱和 MS 都耦合到同一台气相色谱仪上，从而生产 GC-FTIR-MS。相关文献已经介绍了其特殊要求和一些应用 [13,16]。

10.4 气相色谱－真空紫外光谱联用（GC–VUV）

尽管紫外可见光谱法是 HPLC 中最常见和最常用的检测器，但它并未有效应用于 GC。最近，一种基于真空紫外（VUV）光谱的新型检测器可与 GC 联用 [17]。与传统的紫外可见光谱相比，VUV 光谱主要用于深紫外光分析。对于 GC-VUV 而言，检测器能有效检测的波长范围为 120 ~ 240nm，该波段几乎是所有有机分子吸收的范围。因此，VUV 被认为是通用型检测器。同时，因为几乎所有有机分子在 VUV 范围内都有独特的光谱，所以 VUV 具有很高的选择性。这使得 VUV 成为最通用和最具选择性的检测器之一。

GC-VUV 系统图如图 10.17 所示。简而言之，VUV 光谱仪通过一条简单的传输线连接到毛细管柱的末端。色谱柱流出物进入流通池，该流通池具有足够的长度供气相 UV 光谱检测。辐射源使用传统的氘灯。流通池具有足够的长度，以便测量整个流通池的吸光度时可获得足够的灵敏度。使用光栅和光电二极管阵列执行检测。

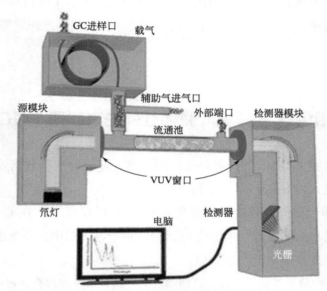

图 10.17　GC-VUV 系统的示意图

资料来源：经 Schug 等 [17] 许可转载。美国化学学会版权所有

图 10.18 显示了二甲苯和萘酚异构体的 VUV 谱图以及间二甲苯和对二甲苯的分离物的 VUV 谱图，这些化合物在气相色谱中常常不能完全分离。GC-VUV 的主要优势在于获得同分异构体（例如二甲苯）的光谱图，如图 10.18（a）所示，这使得它们很容易通过标准版谱图区分开来，有时还可以通过简单的视觉检查来辨别。图 10.18（b）色谱图显示共洗脱的间二甲苯和对二甲苯异构体，以单个色谱峰洗脱。这种共洗脱是色谱法面临的最大挑战之一，因为它常常无法区分。间二甲苯和对二甲苯的不同光谱使两个单独信号的去卷积成为可能。

尽管在许多情况下使用 GC-MS 都可以进行这种去卷积，但在这种情况下以及许多类似情况下却不可行。

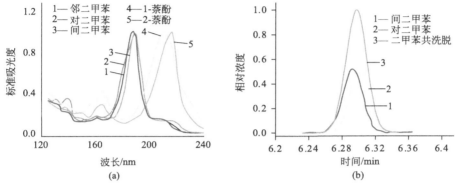

图 10.18　二甲苯和萘酚同分异构体的 VUV 光谱（a）和显示间二甲苯和对二甲苯信号去卷积的色谱图（b）

资料来源：经 Schug 等 [17] 许可转载。美国化学学会版权所有

虽然 VUV 是一种相对较新的检测器，但它的性能指标是非常优异的。采用柱上进样时，检测范围为几十到几百皮克（pg），线性范围可达几个数量级。VUV 还提供了光谱卷积的诱人的可能性（如上所述），时间间隔去卷积包括将色谱图分成时间片，并对每个片的信号进行去卷积；还有半绝对定量，它可以对光谱横截面已知的化合物进行定量分析，而无须校准标准。Santos 和 Schug [18] 最近对这些技术进行了综述。

MS、MS-MS、FTIR 和 VUV 是用于 GC 的光谱检测器的四个示例。显然，这些并不是唯一可用于 GC 的光谱检测器。光谱检测器的综述、最新研究成果及其性能特征可以在相关参考文献中找到 [1,18]。

参考文献

[1] Shezmin Zavahir, J., Nolvachai, Y., and Marriott, P. J. (2018). *TrAC: Trends Anal. Chem.* 99: 47-65.

[2] Watson, J. T. and Sparkman, O. D. (2008). *Introduction to Mass Spectrometry: Instrumentation, Applications and Strategies for Data Interpretation*. New York: John Wiley & Sons.

[3] McMaster, M. (2007). *GC/MS: A Practical User's Guide*. New York: John Wiley & Sons.

[4] Hubschman, H. J. (2008). *Handbook of GC/MS: Fundamentals & Applications*. New York: John Wiley & Sons.

[5] Oehme, M. (1999). *Practical Introduction to GC-MS Analysis with Quadrupoles*. New York: John Wiley & Sons.

[6] Sparkman, O. D., Penton, Z., and Kitson, F. (2011). *Gas Chromatography and Mass Spectrometry: A Practical Guide,* 2e. New York: Academic Press (Elsevier).

[7] Colon, L. A. and Baird, L. J. (2004). Detector systems for gas chromatography. In: *Modern Practice of Gas Chromatography*, 4e (ed. R. L. Grob and E. F. Barry). New York: John Wiley and Sons.

[8] Lee, T. A. (1998). *A Beginner's Guide to Mass Spectral Interpretation*. New York: John Wiley & Sons.

[9] Smith, R. M. (2004). *Understanding Mass Spectra a Basic Approach*, 2e. New York: John Wiley & Sons.

[10] March, R. E. and Todd, J. F. J. (2005). *Quadrupole Ion Trap Mass Spectrometry*. New York: John Wiley & Sons.

[11] Gohlke, R. S. (1959). *Anal. Chem.* 31: 534.

[12] Sheehan, T. L. (1996). *Am. Lab.* 28 (17): 28V.

[13] Leibrand, R. J. (ed.) (1993). *Basics of GC/IRD and GC/IRD/MS*. Wilmington, DE: Hewlett-Packard.

[14] Coleman, W. M. III and Gordon, B. M. (1994). *Advances in Chromatography*, vol. 34(ed. P. R. Brown and E. Grushka), 57-108. New York: Marcel Dekker, Chapter 2.

[15] Schreider, J. F., Demirian, J. C., and Stickler, J. C. (1986). *J. Chromatogr. Sci.* 24: 330.

[16] Wilkins, C. L. (1983). *Science* 222: 291.

[17] Schug, K. A., Sawicki, I., Carlton, D. D. et al. (2014). *Anal. Chem.* 86: 8329-8335.

[18] Santos, I. C. and Schug, K. A. (2017). *J. Sep. Sci.* 40: 138-151.

第 **11** 章

制样方法

11.1 概述

尽管气相色谱法是一种非常成熟且自动化程度高的分离技术，但几乎所有的气相色谱分析都需要在进样前进行一些样品前处理。样品前处理可以很简单，例如加入适量的溶剂稀释待测物或直接装入自动进样器样品瓶中，也可以复杂到多步萃取。该样品分析方法的优劣可能更多地取决于样品制备，而不是色谱分析。气相色谱常用的样品制备方法包括：通过注射器将分析物移至适合注入气相色谱仪（GC）的溶剂相（通常为有机相），或转移至蒸气相，采用定量环或气密注射器将顶空物质转移到气相色谱仪中。在气相色谱法方法开发过程中，样品的制备技术应与进样技术和方法要求的检测限互相协调。

为了适合 GC 分析，待测物必须在设定的方法条件下具有足够的挥发性，才能进入 GC 仪器，并且基质干扰物也必须具有挥发性，以免污染进样口或色谱柱。通常，将样品溶解在挥发性有机溶剂中，然后通过自动进样器进样。样品制备的基本目标是确保样品在气相色谱兼容的溶剂中或在气相中满足上述条件。此外，样品制备需要具有可重复性和简单易行，以便在日常分析、质量保证和其他常规检测实验室进行常规分析时，始终满足定量分析要求。

表 11.1 概述了根据样品类型分类的常用样品制备技术。显而易见，对于给定的样本类型，可以采用多种样品前处理方法进行处理。

样品制备可能是整个方法开发和验证过程中最耗时的部分，因此样品制备技术的选择可能是方法开发中较困难的环节之一。几乎所有样品制备方法都涉及待测物在两相间的转变：固相到液相以及固相到液相或气相。气相和液相是最常见的进样相态。

表 11.1　按样品类型分类的样品制备技术概述

固体样品	液体样品	气体样品
溶解，液体进样	直接进样	直接进样（注射器或进样阀）
超临界流体萃取	液 - 液萃取	膜萃取
顶空萃取	固相萃取（包括固相微萃取、基于吸附剂的萃取）	基于固体捕集的固相技术
加速溶剂萃取	顶空萃取（包括固相微萃取、基于吸附剂的萃取）	基于液体捕集的液相技术
热解	膜萃取	—
热解吸	基于固体捕集的固相技术	—
微波辅助萃取	—	—

资料来源：经 Grob 和 Barry[1] 许可转载。

完成这种相态的转变的能力首先是由化学平衡来驱动的，化学平衡决定了分析物从原始相转移到最终相的量，从而决定了回收率或萃取量。其次，达到该平衡所需的动力学通常决定了该方法的重现性，如果在萃取过程中未达到平衡，则可能影响回收率。虽然文献中对样品制备的综述很少，但是，有许多专著和文章描述了特定的技术，在本章中都进行了引用 [2,3]。所有样品制备方法的目标都是可重现性地制备出一个能代表原始样品的分析样品。对于所有样品制备方法都有以下影响：

① 尽管待测物具有高分配系数，或者采用和/或多级萃取以达到完全萃取，但在大多数分析萃取中都不会进行定量萃取（分析物 100% 转移至萃取相）。通常应选择萃取相，以期待测物最大限度地转移到萃取相。

② 无论分配系数有多低，总是会萃取到一定量的分析物（或干扰物）。

③ 多级萃取不仅可以提高萃取率，而且具有放大分析物和干扰分配系数之间的小差异的积极影响。

④ 必须考虑动力学以确保萃取达到平衡。如果在取出等分试样进行分析之前未达到平衡，则重现性可能会受到影响。

11.2　液 - 液萃取（LLE）

液 - 液萃取（LLE）通常涉及将分析物从稀释的水相萃取到有机相中，通常采用浓缩步骤以提高灵敏度。液 - 液萃取根据所用萃取溶剂的量将其划分为常规萃取和微萃取，其分界线为 1mL 左右的萃取溶剂。常规液 - 液萃取常使用分液漏斗、试管或连续萃取装置 [4]。液 - 液微萃取通常在小型容量瓶、锥形试管或直接在样品瓶中进行。常规液 - 液萃取的基本原理在大学有机化学的实验室教科书中进行了广泛描述，因此，这里仅讨论影响液 - 液萃取回收率的重要因素，以及液 - 液微萃取（MMLE）、单滴微萃取（SDME）及分散液 - 液微萃取（DLLME）等较特殊的方法 [5-7]。

11.2.1　影响液 - 液萃取回收率的因素

有几种技术和考虑因素会影响液 - 液萃取和其他萃取方法的回收率，包括溶剂选择、搅拌速度、盐析、pH 值、温度以及洗涤或反萃取等条件。

（1）萃取溶剂的选择

最重要的是，萃取相（溶剂）在初始阶段必须基本上不混溶。理想情况下，萃取溶剂对目标分析物的溶解度非常高，而对于干扰物的溶解度则非常低，从而在分配系数上产生很大差异。如果可以估计或已知分析物和干扰物在原始相和萃取相的溶解度，则可以用 K_c 估算其萃取率。

（2）搅拌

萃取需要两相之间紧密接触，因此需要一些机械混合的方法。通常，这是通过摇动、搅拌或涡旋混合来实现的。通常，较高的搅拌速度将可更快达到平衡，较长的搅拌时间可确保达到平衡。搅拌设备（摇动速度、涡流搅拌器转速、搅拌器速度等）应尽可能保证其重现性。重要的是调整萃取时间以获得稳定的回收率，足以确保混合速度、溶剂黏度或基质效应的微小变化不会对萃取产生不利影响。

（3）盐析

添加高浓度的盐（如氯化钠）通常有利于将有机化合物从水相萃取到有机

相，并提高其萃取回收率。增加离子强度可有效降低有机化合物在水中的溶解度，从而增加 K_c 值，以提高萃取率。但是，如果不进行条件试验，就很难判断该条件对特定提取方案和分析物的回收率是否有提高作用。

（4）pH 值的调节

许多常见的目标化合物和干扰物都是弱有机酸或碱。溶液 pH 值会极大地影响这些化合物在水相中的溶解度，因此由 pK_a 可知，控制溶液 pH 值可影响萃取率。酸性化合物在碱性溶液中的溶解度将提高，同理碱性化合物在酸性溶液中的溶解度也将提高。在这两种情况下，K_c 均降低，从而降低了萃取回收率。为了提高酸性化合物的萃取回收率，可以降低水相 pH 值，理想情况下，使其比所需分析物的 pK_a 至少低 2 个 pH 单位。同样，对于碱，可以提高 pH 值以提高碱性化合物的萃取回收率。如果存在多种可电离的目标化合物和 / 或干扰物，可能需要通过缓冲溶液来调整水溶液的 pH 值，以提高对原溶液 pH 值控制的重现性。

（5）温度调节

所有化学过程的平衡点都受温度影响。通常，为了确保萃取的重现性，根据实际情况，应尽可能地控制温度。这可能像确保所有溶液和样品在实验室室温下达到平衡一样简单，也可能像在烘箱或加热板中进行萃取一样复杂。

大多数有机分子在水中的溶解是放热的，因此温度升高会降低分布常数 K_c，从而降低萃取率。然而，升高温度，分子运动速度更快，所以萃取速率可能会增加，使更快地达到平衡。无论如何，热力学和动力学通常会在相反的方向上起作用。通常，调节温度可以在降低回收率和更快地达到平衡之间进行权衡。可能需要仔细地进行温度控制以确保其重现性，这对于液 - 气（顶空）萃取尤为关键。

11.2.2 液 – 液微萃取技术

由于气相色谱法具有高灵敏度，液 - 液萃取通常可以在小型自动进样器样品瓶中直接进行，从而节省了时间，并避免了浓缩和转移等步骤产生的误差，并且节省了大量溶剂。为了比较其性能，图 11.1 展示了将等体积的溶剂和样品加入自动进样器的样品瓶中，并采用液 - 液微萃取（MLLE）、固相微萃取（SPME）、高浓度常规液 - 液萃取（高）和低浓度常规液 - 液萃取（低）等方法的萃取效率。很明显，液 - 液微萃取有可能与大容量萃取法相竞争，尤其是与大容量气相色谱相结合使用时。

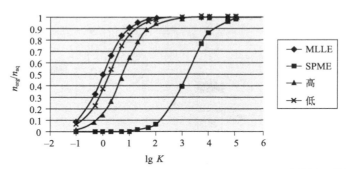

图 11.1　采用几种萃取技术得到的分析物萃取效率与分配系数的关系曲线比较

n_{org}/n_{aq} 值为 1 表示彻底提取。MLEE：1mL 样品，1mL 溶剂；
高：1L 样品，3×60mL 溶剂；低：5mL 样品，3×1mL 溶剂

11.2.3　单滴微萃取（SDME）

SDME 的概念于 1996 年提出，其操作方式很简单：将一滴有机溶剂从注射器针头悬浮到水相中，然后搅拌系统以将有机化合物驱入该液滴中。然后可以使用注射器将有机液滴转移至 GC[8,9]。图 11.2 为 SDME 的操作示意图，其中有机液滴直接悬浮于普通的气相色谱微量注射器中[11]。SDME 的平衡理论类似于液 - 液萃取中的理论，有机相中分析物的平衡浓度为：

$$[A]_2 = \frac{K_c[A]_1 V_1}{V_1 + K_c V_2} \tag{11.1}$$

式中下标 1 和 2 分别指的是水相和有机相。如果 $V_2 \ll V_1$ 且 K_c 很小，这就变成：

$$[A]_2 = K_c[A]_1 \tag{11.2}$$

在其他液 - 液萃取方法中，盐析会增加萃取量；然而，水相的较高离子强度降低了分析物的扩散速率，因此用 SDME 观察到相反的情况[12-14]，因此需

要更长的萃取时间才能达到平衡。典型的平衡时间为 5 ～ 10min。Psillakis 和 Kalogerakis 对 SDME 进行了详尽的综述[10]。

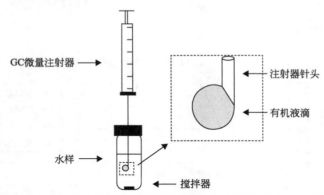

图 11.2　使用 GC 注射器进行单滴微萃取（一滴溶剂从注射器针头上悬浮下来）

资料来源：经 Psillakis 等许可转载自参考文献 [10] 中的图 3

11.3　固液萃取：索氏提取和加速溶剂萃取（ASE）

涉及到将待测物转移到有机溶剂中的萃取不限于液体样品或溶液。在索氏提取中，将固体样品放在萃取溶剂瓶上方的多孔套管中。随着溶剂的加热，蒸馏后的溶剂滴入多孔套管中，从而浸没了固体样品。套管装满后，将溶剂虹吸回萃取溶剂瓶中并重新蒸馏。索氏提取通常用于半挥发性或非挥发性分析物，因为挥发性物质可能会在该过程损失。索氏提取通常很慢，通常需要数小时。但是，可以同时运行多个提取系统以提高产量。许多化学玻璃器皿供应商都可以提供用于索氏提取的玻璃器皿。在 20 世纪 80 年代和 90 年代，提出了超临界流体萃取（SFE）作为索氏提取的有用替代方法，至今仍用于一些应用。但是复杂仪器操作、困难的超临界流体控制和其重现性限制了它成为常规分析技术。超临界流体萃取仍广泛用于许多需要萃取的工业应用中，例如干洗、脱咖啡豆中的咖啡因以及其他食品应用中[15,16]。

加速溶剂萃取为超临界流体萃取和索氏提取提供了一种替代工具。与超临界流体萃取一样，在加速溶剂萃取中，将要提取的固体置于高压小瓶中并加热。然后用高温和高压但未达到临界点的传统溶剂萃取。高压迫使溶剂进入固体的孔中，从而促进萃取，而温度升高则有利于萃取动力学。然后排出溶剂，收集所得溶液进行分析[17]。加速溶剂萃取系统的示意图如图 11.3 所示。使用 HPLC 泵将传统溶剂泵入萃取池。用氮气吹扫清洁电池。使用出口处的阀门保持背压。

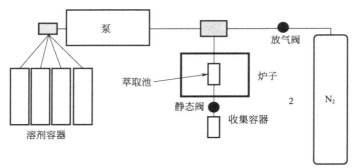

图 11.3　加压（加速）溶剂萃取系统的示意图
（包括溶剂容器、混合器、泵、吹扫气、萃取池和收集瓶）

11.4　固相萃取

当样品相为液相、萃取相为固相时，这一系列技术称为固相萃取（SPE）。最常见的固相萃取是使液相通过色谱柱、小柱或滤盘，固定相能选择性吸附待测物，而其余液相通过而进行的。然后通过使强洗脱溶剂流过固相来收集待测物。固相萃取材料的供应商对固相萃取技术和方法进行了详尽的介绍[18-20]。

图 11.4 给出了一个典型的固相萃取过程。首先，必须通过润湿并用适当的溶剂平衡来调节固定相。接下来，使样品通过固定相。通常是通过将样品缓慢倒入固相萃取小柱中，然后使用真空将其拉过固相来完成的。因为涉及从液相到固体表面的相变，所以流过固相萃取小柱的流量应该很慢；一般需要几分钟才能将分析物有效地转移到固定相表面。转移完成后，真空保持打开状态，干燥固定相。然后可以使用原样品溶剂或弱极性溶剂进行洗涤，以去除不需要的干扰。

最后，使用溶解度高的强极性溶剂洗脱分析物。固相萃取是所有萃取方法中最灵活的一种。有许多固定相可供选择，几乎可以提取任何分析物或一类分析物。表 11.2 总结了常用的 SPE 技术和其应用。

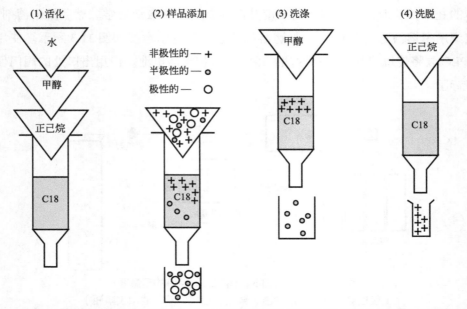

图 11.4　反相固相萃取涉及的步骤：（1）使用每种溶剂进行固定相活化；（2）加入非极性、半极性和极性化合物的样品（极性化合物通过）；（3）用甲醇洗涤（半极性化合物通过）；（4）用正己烷洗脱（收集到非极性化合物）

表 11.2　普遍可用的固相萃取（SPE）机制、填充材料和应用

分析物	分离机制	材料
非极性至中等极性化合物：抗生素、巴比妥酸盐、药物、染料、精油、维生素、多环芳烃、脂肪酸甲酯、类固醇等	反相	C18 C8 C4 苯基柱
中等极性至极性化合物：黄曲霉毒素、抗生素、染料、农药、酚类、类固醇等	正相	氰丙基柱 二醇基柱 氨基柱
阴离子、阳离子、有机酸和有机碱	离子交换	强阴离子交换 强阳离子交换 弱阳离子交换
强极性化合物	吸附	二氧化硅柱、氧化铝柱

　　固相萃取的最新进展是该技术的小型化和自动化。一个例子是填充吸附剂微萃取（MEPS）技术的发展。其采用与常规固相萃取相同的操作过程，但样品的体积显著小于 μL，而不是 mL。如图 11.5 所示，固相萃取小柱安装在注射器中，因此该过程可以自动化，并且与大多数 GC 自动进样器兼容[21-23]。

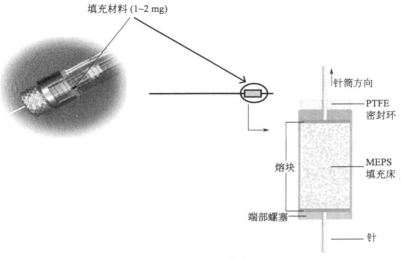

填充材料 (1~2 mg)

针筒方向

PTFE
密封环

MEPS
填充床

熔块

端部螺塞

针

图 11.5　MEPS 的装置

资料来源：经许可转载自参考文献［21］，爱思唯尔科学（2015）版权所有

11.5　液体蒸气或固体蒸气萃取：顶空萃取

当萃取涉及气相（通常与液相或固相处于平衡状态）的采样时，该技术称为顶空萃取。如果气相是固定的（通常包含在样品瓶或其他容器中），则称其为静态顶空萃取。当气相是流动的（通常在液相中冒泡并随后收集），这被称为动态顶空萃取，通常也称为吹扫和捕集。静态顶空萃取通常要求分析物在液相和气相之间的分配达到平衡，因此在液 - 液萃取中，待测物不会被完全萃取出来。除一相是蒸气相外，原理与其他萃取方法类似。动态顶空萃取取决于连续不断的气相，将待测物从液体或固体平衡到气相中，从而实现完全萃取的可能性。

11.5.1　静态顶空萃取

静态顶空萃取的基本原理如图 11.6 所示，图中展示了一个存在液相和气相的简单的样品瓶。与其他萃取技术一样，液相和气相之间的分配以及两相的体积是决定两相中分析物数量的主要因素。A 是气相色谱峰面积，c_g 是气相中分析物的浓度，c_0 是液相中分析物的初始浓度，K 是分配系数，β 是气相与液相的体积比。注意，在该等式中，K 是指从作为反应物的气相到作为产物的液相 $[A(\mathrm{g}) \rightarrow A(\mathrm{l})]$ 的分配。具有高 K 值的化合物有利于残留在原始相中而不易被萃取。而且对于高 K 而言，β 并不重要，而对于低 K，则至关重要。

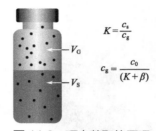

$$K = \frac{c_s}{c_g}$$

$$c_g = \frac{c_0}{(K + \beta)}$$

图 11.6　顶空萃取的原理
（分析物在样品和气相之间的分配）

萃取瓶的精确温度控制在保持重现性方面也很重要，因为通常是通过将样品瓶恒温一段时间来确保溶液和气相之间达到平衡。

　　顶空萃取可以在非常简单的设备中进行。所需要的是一个带有隔垫的密封容器和一个气密注射器（10μL ～ 5mL）。此外，几乎所有主要的 GC 仪器供应商都提供自动顶空萃取系统。图 11.7 显示了在通用自动化设备中使用的样品转

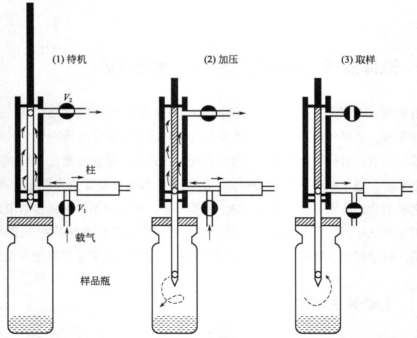

图 11.7　气相色谱顶空分析中平衡压力采样的步骤：（1）待机，样品瓶在环境压力下温度平衡；（2）加压，样品瓶被加压到高于 GC 柱头压力的压力，并达到平衡；（3）取样，将取样瓶打开至输送管道和 GC 入口

采样时间、温度和压差决定了样品的传输量。来源：转载经 Kolb 和 Popisil 许可 [24]

移过程的示意图 [25]。首先，将小瓶加热至所需温度并保持至平衡。然后用 GC 中使用的载气对小瓶加压。最后，打开一个阀，将一定量的气相转移到气相色谱入口。

11.5.2 动态顶空萃取（吹扫和捕集）

顶空萃取也可以动态进行，通过将萃取气相通过样品溶液鼓泡，收集随萃取气相逸出的组分，从而进行完全萃取。这称为吹扫和捕集。图 11.8 显示了吹扫 - 捕集仪器的示意图。首先，将样品放置在一个容器中，该容器包括吹扫气体的入口和出口。其最大的优点是可以使用几乎无限的样本容量。然后，吹扫气体通过固相吸附剂或通过膜，在该处，较大的气相分析物分子通过表面吸附或通过膜渗透与吹扫气体分离。最后，将吸附剂加热或膜解吸，将分析物转移到 GC。吹扫 - 捕集的最常见应用是监测供水系统中的极低水平的挥发性有机污染物。

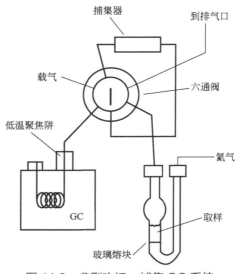

图 11.8　典型吹扫 – 捕集 GC 系统原理示意图

资料来源：经 Mitra 和 Kebbekus 许可转载 [26, p.270]

11.6　固相微萃取（SPME）

固相微萃取（SPME）是 1989 年发展起来的一种简单的无溶剂萃取方法，用于提取水中的挥发性污染物 [27]。SPME 设备采用涂覆的熔融石英纤维，该纤维附着在微注射器柱塞的末端，并可以存储在注射器针筒内。SPME 可以制作成实验室和现场分析以及手动和自动采样的方式，如图 11.9 所示，主要仪器供应商都提供用于全自动 SPME 的仪器。迄今为止，非极性聚二甲基硅氧烷（PDMS）是最常用的纤维涂层（萃取相），应用范围约 80%。

其他材料包括聚丙烯酸酯（PA，极性）和几种固相吸附剂的组合。由于 PDMS 和 PA 基本上都是液体（因它们具有较大的黏度，所以看起来像是固体；因此，通常将其划分为固相萃取技术），纤维涂层的体积很小（小于或等于 1μL）。而且，由于将纤维设备直接插入液体样品中，低 K_c 的分析物具有与吹扫 - 捕集萃取不受样品量限制的特点。

在 SPME 分析中，首先将纤维直接放置于液体样品或样品的顶部空间[28]，如图 11.10 所示。萃取样品完成后，纤维被缩回到注射器针筒中，从样品中取出并插入 GC 进样口进行分析。前文针对液 - 液萃取所述的所有条件也适用于这些萃取。萃取的时间可能从几分钟到几小时不等，具体取决于样品相的扩散速率，完成萃取后将纤维缩回到注射器针头中，以在不分流的入口条件下转移到 GC 进行解吸。必须优化不分流时间、进样口温度和初始色谱柱条件，以确保分析物从纤维上完全解吸，并有利于获得窄的色谱峰[29]。根据样品的特性和提取方式，萃取纤维至少可以重复使用 10 次，多至 100 次。SPME 的无数应用在许多文章和一个应用数据库中进行了描述[30-32]。

搅拌棒吸附萃取（SBSE）是 SPME

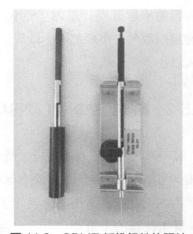

图 11.9　SPME 纤维组件的照片

左侧是手动装配。右侧显示的是安装在 Combi PAL 自动采样器支架上的一个自动化组件

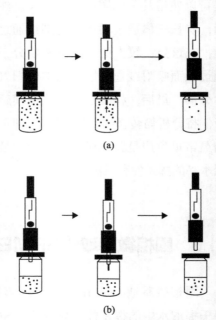

图 11.10　直接暴露于液体样品的 SPME 纤维（a）和暴露于样品顶空的 SPME 纤维（b）

在每种情况下，含有纤维的针穿过小瓶隔垫，然后将纤维暴露于样品（液体或顶空），之后缩回针中并从小瓶中取出。最后纤维被转移到仪器上

应用的结果，其分析物回收率较低。在搅拌过程中发现，分析物吸附在加入样品中进行搅拌的搅拌棒上[33]。SBSE 过程如图 11.11 所示。搅拌棒上涂有吸附剂材料（通常为 PDMS），放入样品中并搅拌。平衡后，将搅拌棒取下并放入程序升温的进样口（PTV），然后将分析物解吸到色谱柱中。SBSE 与 SPME 具有相似的应用，主要优点是由于萃取相体积较大，分析物回收率更高，主要缺点是萃取相体积较大、萃取和解吸速率较慢[35]。

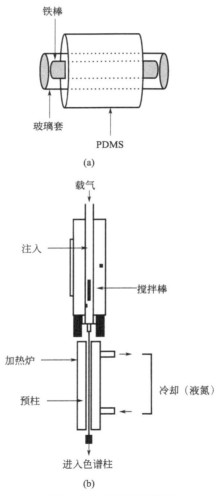

图 11.11　SBSE 的装置

（a）涂有聚二甲基硅氧烷的搅拌棒；（b）将搅拌棒放入程序升温的 GC 入口或热脱附设备中，以使分析物脱附并注入 GC
资料来源：经 Vercauteren 等 [34] 许可转载其中的图 1 和图 2。美国化学学会（2001）版权所有

11.7 QuEChERS 法

QuEChERS 是快速、简单、便宜、高效、稳定、安全的英文首字母缩写，是一种分析方法，旨在简化对水果、蔬菜、谷物和加工产品中农药残留等分析物的提取和分析[36]。QuEChERS 方法于 2003 年首次提出，并迅速发展成为农药残留分析的常用方法[37]。这种快速增长可归因于如肉、鱼、鸡、牛奶、蜂蜜、谷物、水果和蔬菜产品等基质中的痕量分析物快速可靠分析的需求。

QuEChERS 包括三个通用的组成部分，是所有方法的共同之处：液相微萃取、固相净化和分析[38]。在样品制备和提取过程中，首先将样品磨碎，然后可以添加内标或者传统方法中可改善萃取效果的调节剂，例如盐、pH 调节剂和缓冲溶液。在样品萃取和净化过程中，通过分散固相萃取（d-SPE）净化原始试样，最后在待测样品中加入 pH 调节剂或缓冲盐并选择适当的分析技术进行分析[39]。QuEChERS系统地结合了几种常见的分析方法，使其成本低廉、快速高效、容易操作[40]。

图 11.12 展示了三种典型的 QuEChERS 过程[35,36,38,41,42]。在提取之前，通常

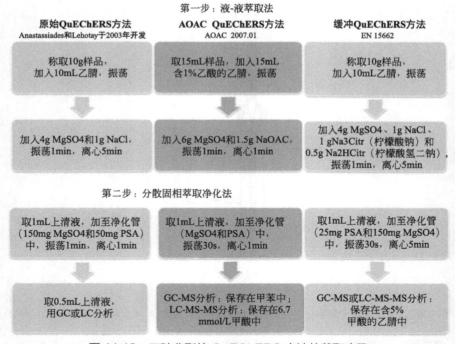

图 11.12　三种典型的 QuEChERS 方法的萃取步骤

将样品均质化并转移到离心管中。在第一步中，加入萃取溶剂，并对混合物进行搅拌，以确保达到平衡。然后加入无水缓冲盐。适当地进行相分离和 pH 调节。然后将混合物离心分离，将固体收集起来。然后，通过添加 SPE 颗粒、干燥剂，搅拌并除去固体，使用分散 SPE 反萃取所得的提取物。然后将最终提取物转移到仪器中进行分析。

QuEChERS 方法已成为常规方法，已被多家供应商以预包装试剂盒的形式出售，其中包含所有必需的化学物质和成分，每种试剂盒都专注于特定的方法，如针对来自植物性食品、低脂产品以及 AOAC 和 EN 方法学中的特定样品类型农药的检测[38,43,44]。除方法的详细信息外，供应商还提供网络研讨会以及技术或应用说明[45]。现在的 QuEChERS 方法形成标准化，所以已发展成全自动化检测设备[39]。

11.8 其他技术和总结

受篇幅所限，本章仅讨论了最常用的样品制备技术的基本特征。如表 11.1 所示，还有很多样品制备方法，可以通过使用技术名称作为关键词在线搜索文献来进一步探索。从理论上讲，可以从任何样品基质中提取任何分析物。在选择样品制备方法时，必须首先考虑样品基质中分析物的溶解度和 / 或蒸气压。还应考虑有利于使萃取相获得更大的分配系数的萃取条件。比如采用分析物具有较高溶解度的萃取相或使分析物具有较高蒸气压。同样，可以采取措施降低分析物在原始基质中的溶解度。搅拌和控温等技术也可以用于提高萃取过程中的平衡速度。最后，在开发高效且可重现的萃取过程中，最重要的考虑因素是确保在将萃取相采样到气相色谱仪之前使样品和萃取相达到平衡。

参考
文献

[1] Grob, R. and Barry, E. (eds.) (2004). *Modern Practice of Gas Chromatography*, 4e. Hoboken, NJ: John Wiley & Sons.

[2] Mitra, S. (2003). *Sample Preparation Techniques in Analytical Chemistry*. NewYork: John Wiley & Sons.

[3] Snow, N. and Slack, G. (2004). Sample preparation techniques. In: *Modern Practice of Gas Chromatography*, 4e(ed. R. Grob and E. Barry), 547-604. Hoboken, NJ: John Wiley & Sons.

[4] Assmann, N., Ladosz, A., Von Rohr, R. et al. (2013). *Chem. Eng. Technol.* 36 (6): 921.

[5] Pavia, D., Lampman, G., Kriz, G., and Engel, R. (2006). *Introduction to Organic Laboratory Techniques*, 4e. New York: Brooks Cole.

[6] Williamson, K., Minard, R., and Masters, K. (2006). *Macroscale and Microscale Organic Experiments*, 5e. New York: Brooks Cole.

[7] Al-Saidi, H. M. and Emara, A. A. A. (2014). *J. Saudi Chem. Soc.* 18: 745-761.

[8] Liu, H. and Dasgupta, P. K. (1996). *Anal. Chem.* 68: 1817.

[9] Jeannot, M. A. and Cantwell, F. F. (1996). *Anal. Chem.* 68: 2236.

[10] Psillakis, E. and Kalogerakis, N. (2002). *Trends Anal. Chem.* 21: 53.

[11] Jeannot, M. A. and Cantwell, F. F. (1997). *Anal. Chem.* 69: 235.

[12] Wang, Y., Kwok, Y. C., He, Y., and Lee, H. K. (1998). *Anal. Chem.* 70: 4610.

[13] Psillakis, E. and Kalogerakis, N. (2001). *J. Chromatogr. A* 907: 211.

[14] deJager, L. S. and Andrews, A. R. J. (2001). *J. Chromatogr. A* 911: 97.

[15] Taylor, L. (1996). *Supercritical Fluid Extraction*. New York: John Wiley & Sons.

[16] King, J. W. (2014). Modern supercritical fluid technology for food applications. *Annu. Rev. Food Sci. Technol.* 5: 215.

[17] Richter, B. E., Jones, B. A., Ezzell, J. L., and Porter, N. L. (1996). *Anal. Chem.* 68 (6): 1033-1039.

[18] "The Complete Guide to Solid-phase Extraction", Phenomenex, inc. https: //www. phenomenex. com/ViewDocument?id=the+complete+guide+to+solid+phase+extraction+(spe) (accessed October 2018).

[19] Telepchak, M. (2004). *Forensic and Clinical Applications of Solid Phase Extraction*. New York: Springer.

[20] Guide to Solid Phase Extraction, Bulletin 910, Supelco(Sigma-Aldrich), Bellfonte, PA, 1998. https: //www. sigmaaldrich. com/Graphics/Supelco/objects/4600/4538. pdf(accessed October 2018).

[21] Moein, M. M., Abdel-Rehim, A., and Abdel-Rehim, M. (2015). *TrAC Trends Anal. Chem.* 67: 34-44.

[22] SGE Analytical Science. http: //www. sge. com/products/meps (accessed 17 May 2018).

[23] Peters, S., Kaal, E., Horsting, 1., and Janssen, H. -G. (2012). *J. Chromatogr. A* 1226: 71-76.

[24] Kolb, B. and Popisil, P. (1985). *Sample Introduction in Capillary Gas Chromato-graphy*, vol. 1 (ed. P. Sandra). Heidelberg: A. Huethig.

[25] Kolb, B. and Ettre, L. S. (2006). *Static Headspace-Gas Chromatography: Theory and Practice*. New York: Wiley-VCH.

[26] Mitra, S. and Kebbekus, B. (1998). *Environmental Chemical Analysis*. London: Blackie Academic Press.

[27] Pawliszyn, J. (1997). *Solid Phase Micro-Extraction: Theory and Practice*. New York: John Wiley & Sons.

[28] Lee, C., Lee, Y., Lee, J. G., and Buglass, A. J. (2015). *Anal. Methods* 7: 3521.

[29] Okeyo, P. and Snow, N. (1997). *LC-GC* 15(12): 1130.

[30] Pawliszyn, J. (ed.) (1999). *Applications of Solid Phase Micro-Extraction*. London: Royal Society of Chemistry.

[31] Millipore Sigma (Supelco) (2008). SPME Applications, Compact Disk produced by Supelco (Sigma-Aldrich), 7. http: //www. sigma-aldrich. com/spme.

[32] Wercinski, S. (ed.) (1999). *SPME A Practical Guide*. Boca Raton, FL: CRC Press.

[33] Baltussen, E., Sandra, P., David, F., and Cramers, C. (1999). *J. Microcol. Sep*. 11: 737.

[34] Vercauteren, J. et al. (2001). *Anal. Chem*. 73: 1509-1514.

[35] Gerstel, Inc. http//www. gerstelus. com (accessed 4 October 2008).

[36] CVUA Stuttgart. http: //quechers. cvua-stuttgart. de/(accessed 23 July 2018).

[37] Anastassiades, M., Lehotay, S. J., Stajnbaher, D., and Schenck, F. J. (2003). *J. AOAC Int*. 86 (2): 412-431.

[38] Chromatographic Specialties, Inc. https: //chromspec. com/pdf/e/uct19. pdf UCT Agricultural & Food Safety Analysis, QuEChERS informational Booklet(accessed 25 July 2018).

[39] OuEChERS Methodology: AOACApproach Instruction Sheet http: //www. restek. com/ pdfs/805-01-002. pdf (accessed 24 July 2018).

[40] Davis, J., Teledyne-Tekmar. http: //blog. teledynetekmar. com/blog/bid/350968/The-Basics-QuEChERS-Step-by-Step (accessed 26 July 2018).

[41] Schmidt, M. and Snow, N. H. (2016). *TrAC Trends Anal. Chem*. 75: 49-56.

[42] González-Curbelo, M. A., Socas-Rodríguez, B., Herrera-Herrera, A. V. et al. (2015). *TrAC Trends Anal. Chem*. 71: 169-185.

[43] Agilent Bond Elut QuEChERS Food Safety Applications Notebook: Volume 2, Agilent Technologies, Inc. Printed in USA 21 March 2013 5990-4977EN.

[44] United Chemical Technologies(2016). https: //sampleprep. unitedchem. com/media/at_ assets/tech_doc_info/5101-02-01_steroids_in_blood_by_quechers. pdf, Application Note, 5101-02-01(accessed 25 July 2018).

[45] Steiniger, D., Butler, J., Phillips, E. Technical Note: 10238, Thermo Fisher Scientific, Austin, TX, USA.

第 **12** 章

多维气相色谱

12.1 概述

对于分析科学家来说，气相色谱是具有最高分辨率的分离技术。正如本书前文所述，许多气相色谱系统能够获得十万个理论塔板数，在一张色谱图中得到上百个峰。即使气相色谱有很强的分离能力，但仍存在许多极端复杂的样品尚无法完全分离。比如石油产品中的煤油包含上千种化合物，对于该类样品，难以通过传统的气相色谱实现完全分离。多维色谱法是采用多根色谱柱来分离单个样品，通常将第一维色谱柱的流出物收集起来，并将其注射到第二维色谱柱中来实现的，两根色谱柱的固定相具有明显不同的极性或其他物理性质，从而实现各化合物的二维分离。

涉及气相色谱的多维分离技术可将两根气相色谱柱串联使用或采用高效液相色谱（HPLC）与 GC 联用。本章将对多维气相色谱技术进行概述，这种多维技术使用 GC 或 LC 进行第一维分离，进行第二维分离。对基本原理的探讨，可以帮助分析工作者考虑多维色谱对于所期望的应用是否必要，并在采购多维分离系统时对仪器厂家提出自己的需求。为了得到多维色谱各方面更加详细的参考资料，读者可以参考 Mondello 等发表的成果，他们不仅详细讨论了 GC 的相关内容，还讨论了多维色谱技术及其应用 [1]。以下四篇文献总结了色谱的基本发展和原理 [2]。在早期，Mondello 等对 GC×GC-MS 的基本原理进行了综述 [3]。2009 年由 Beens 和 Brinckman 撰写，Ramos 编辑了详细介绍

GC×GC 的专著[4,5]。由岛津公司提供的可下载用户手册中也有很多有用的介绍[6]。

12.2　多维色谱法的基本原理

相比传统一维色谱，多维色谱具有很多优势，但同时也有许多需要解决的难题。为了说明这些问题，我们结合图 12.1 的实例来进行介绍。图 12.1 中所示的是一个用于评价色谱柱性能的标准混合物（Grob 试剂）的全二维气相色谱谱图[7]。从上往下看是一个三维的等高线图，x 轴是第一维保留时间，y 轴是第二维保留时间，色谱峰是图中一个个明亮的点。为了更容易观察和理解，这些点通常以彩色呈现。图 12.1 表明全二维气相色谱具有峰容量高、选择性好和灵敏度高等优点。与此同时，GC×GC 也要求配备具有快速检测能力的检测器、个性化的数据处理系统和更多复杂的仪器配件。

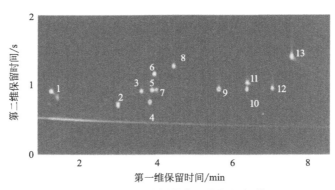

图 12.1　Grob 试剂的全二维气相色谱图

1—2,3- 丁二醇；2—2,3- 辛二酮；3—1- 辛醇；4—正十一烷；5—壬醛；6—2,6- 二甲基苯酚；
7—2- 乙基己酸；8—2,6- 二甲基苯胺；9—癸酸甲酯；10—十一酸甲酯；11—二环己胺；
12—癸酸甲酯；13—邻苯二甲酸二乙酯（污染物）；
第一维柱是 DB-5（非极性），第二维柱是 DB-624（中等极性）

12.2.1　优点

获得更高的峰容量是使用全二维色谱的主要目的。峰容量是色谱图空间中所能容纳的色谱峰的数量。比如，假设所有的色谱峰峰宽都是 30s，色谱图的长度为 30min，那么该色谱空间将可以容纳 60 个峰，那么峰容量是 60。更准确地说，任何分离系统的峰容量都可以定义为：

$$n=\frac{\sqrt{N}}{4R_s}\ln\left(\frac{t_{R2}}{t_{R1}}\right)+1 \tag{12.1}$$

式中，N 是理论塔板数；n 是色谱峰的个数；R_s 是理想的分辨率；t_{R1} 和 t_{R2} 是最早和最晚出峰物质的保留时间 [8,9]。

式（12.1）也同样适用于传统的一维气相色谱。

在多维系统中，二维色谱的峰容量可以分开计算，也可以合并计算。这也是全二维分离技术的主要优势：两根色谱柱的峰容量相乘即为全二维系统的总峰容量，可以预期在一次分离中可得到数千个化合物的色谱峰。理想情况下，二维色谱技术通过使用极性差异较大的色谱柱来实现正交分离 [10,11]。但在实际应用中，总峰容量往往小于两根色谱柱的峰容量的乘积 [12]。

高选择性是多维色谱具有的另一个优势。可以根据混合物中的一些特定化合物选择特定的第二维色谱柱。比如，想要从非极性的碳氢化合物中分离出极性醇类化合物，极性的第二维柱（如聚乙二醇）和非极性的第一维柱（如聚二甲基硅氧烷）就是一种理想的组合方式。极性的醇类物质在第二维柱上有更强的保留，使其与碳氢化合物分离。在图 12.1 中，也可以鉴别出极性和非极性的化合物，因为极性越强的物质，将出现在色谱图"顶部和右侧"的位置。

多维色谱技术的应用将显著提高分析的灵敏度。在许多多维技术中，第二维柱不管在长度、内径或固定相的量上都比第一维柱要小，这意味着在进行第二次洗脱前，必须对馏分进行富集，这时会得到更尖、更窄、更高的色谱峰，更有利于检测器进行测量。在图 12.1 中，第二维色谱峰的峰宽大约是 100ms，相比于大多数传统的毛细管气相色谱柱，其具有更快的分离速度。色谱图中底部的条纹是由溶剂峰（未显示）拖尾造成的，通过二维柱也可以将其与目标化合物清晰地分开。与传统分离方法相比，采用多维分离技术可有效提高定量分析的灵敏度。

12.2.2　挑战

同时，多维分离技术也存在许多不可忽视的挑战，比如要求检测器需要具备快速检测的能力、个性化的数据处理系统和更多复杂的仪器设计。在多维分离中，如要得到更尖、更窄的色谱峰，则需要检测器能够快速记录数据。在实际定量分析时，检测器在每个色谱峰上至少需要记录 20 个数据点。例如图 12.1 中，峰宽大约为 100ms，那么至少每 5ms 采集 1 个数据点，或者说每 1s 采集 200 个数据点。这个速度是大多数 FID 检测器最快检测速度。实际上大多数选择性检测器和传统的串联四极杆质谱的检测速度都无法满足该要求。对于全二维气相色谱 - 飞行时间质谱而言，其具备每秒获得 200 个全扫描谱图的检测能力。所以，在选择多维系统时，应当综合考虑期望的峰宽和检测器的数据采集速率。

数据处理系统也是需要仔细考虑的一项功能。尽管几乎所有商用的多维仪器都配置了专门的数据处理系统，但是它们可能无法像 GC-MS 那样直接与现有的数据处理系统进行对接。图 12.2 展示了一种典型的 GC×GC 分离的数据处理过程[13]。

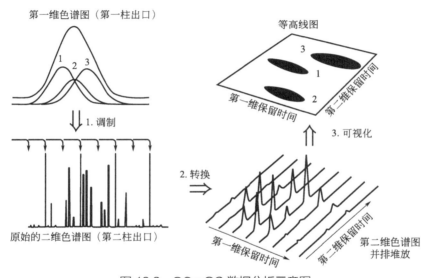

图 12.2　GC×GC 数据分析示意图

示意图显示出数据处理中每个步骤的过程。

资料来源：经授权转载自文献 [13]，Elsevier Science（2002）版权所有

初始数据以单个色谱峰的形式收集，在进行数据处理时，需要将其分解成单个短的第二维切片，再重新组合成多维图，然后以等高线图或三维图的形式呈现。多维色谱数据文件存储格式也与传统一维色谱数据文件格式不同，因此这些多维数据文件可能与其他实验室的数据处理系统不兼容。

复杂的仪器设计是最后一个难点。所有的多维技术都需要把第一维柱中的馏出物送入第二维柱，通常需要对流出峰进行聚焦（缩小）。早期的多维色谱设计中，通常将第一维色谱柱中的一个或多个部分馏分收集起来，然后分别注射到第二维柱中去。可想而知这是非常繁琐且低效的操作。因此，人们需要开发一些设备（通常称作调制器）来实现两柱之间样品的高效传送。图 12.3 展示了采用调制器将两维柱连接起来的简单示意图。热调制器是其中最常用的一种，通过采用制冷剂进行捕集、加热进行释放的方式进行调制。但是调制器的研究还在不断进行中，比如现已研制出无须制冷剂的调制器，特殊的调制器类型将在后面的章节中做出详细解释。

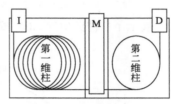

图 12.3　调制器的示意图

包括入口、第一维柱、调制器、第二维柱和检测器的 GC×GC 仪器示意图。
资料来源：经授权转载自 Dallüge 等 [14]，Elsevier Science（2003）版权所有

12.3　中心切割法

中心切割技术简单来讲是收集第一维柱中的一个馏分，然后在第二维柱中再进样和分离。将在第一维柱中不能分开的化合物进行有效分离。GC 的中心切割技术是利用一个快速切换阀或者冷阱来将两维柱之间串联起来。但不管采用哪种方式，都需要避免展宽从第一维柱流出的色谱峰。

图 12.4 是在线中心切割技术的气相色谱的示意图 [15]。该仪器配置的调制器是微板电路控制技术的 Deans 转换系统，这是一种流量调制装置，其能将馏出物注入第二维色谱柱中。这套系统配置了两个检测器，同时能够把一维色谱中心切割分离得到的馏出物进行分析并记录下来。

图 12.5 展示了一个对啤酒花香料进行中心切割的分析结果 [16]。图 12.5（a）中阴影部分标注的馏出组分被传送到第二根色谱柱。第二维分离的色谱图表明，该段馏出组分由四个主要化合物和其他几个含量较低的物质组成，并且峰宽和分

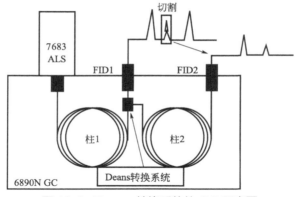

图 12.4　Deans 转换系统的 GC 示意图

资料来源：经安捷伦科技公司（2008）许可转载

辨率均没有受到影响。这也表明为了获得高分辨率，使用两个检测器的中心切割技术可以配置更长的二维色谱柱，并同时完整地记录了一维和二维的色谱图。

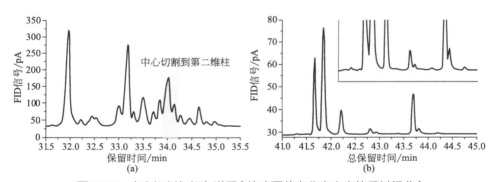

图 12.5　中心切割气相色谱图（从啤酒花中分离出来的香料组分）

（a）一维色谱图，复杂的混合物宽峰。将阴影部分中心切割到第二维柱中。
（b）中心切割部分的全二维色谱图，图中有八个具有显著分辨率的色谱峰，放大也会显示出一些小峰。

资料来源：经授权转载自文献 [16]，Elsevier Science（2007）版权所有

12.4　全二维气相色谱法（GC×GC）

全二维气相色谱与基于中心切割的气相色谱的不同之处在于，在整个色谱系统运行过程中，全二维气相色谱中第二维色谱柱可实现连续进样 [17]。这是通过用压合连接器和一个调制器将两根柱串联起来实现的。图 12.6 呈现了全二维气相色

谱系统的总体结构示意图。总体来说，GC×GC 系统是在传统气相色谱的炉温箱中进行改造，并采用原仪器的进样口和检测器。传统的毛细管柱被用作第一维柱，一根更短、更细且可实现独立控温的毛细管柱用来作为第二维柱。热调制器或流量调制器将第一维柱的馏出物进行捕获和富集，再送入第二维柱。与可进行长时间二维分离的中心切割技术相比，GC×GC 的二维分离较快速，通常仅需几秒。

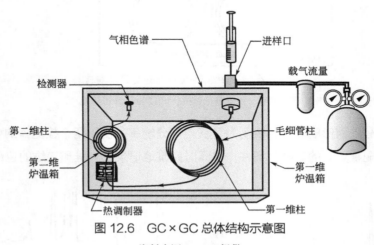

图 12.6　GC×GC 总体结构示意图

资料来源：LECO 提供

两根毛细管柱之间的连接器和调制装置是 GC×GC 系统中的关键部件，利用压合连接器将两根毛细管柱连接起来，并确保连接处不漏气。如图 12.6 所示，热调制器放置在第二维色谱柱前端，其由四个气动阀门控制的气体喷口组成：其中两个是冷喷口，其喷出的气体经过液氮或者液体二氧化碳冷却过的；另外两个为热喷口，利用热氮气或热空气将迅速冷却的第二维色谱柱柱头加热。冷喷（用于聚焦分析带）和热喷（用于将聚焦带注入第二柱）的喷气时间是 GC×GC 应用时的关键参数之一。近几年，无须采用制冷液的调制器已经研制出来，但是因为不能有效地将馏分捕集，对小分子化合物的检测还存在一定的限制。更详细的调制器技术可以查看 Bahaghighat 等 [18] 以及 Muscalu 和 Górecki[19] 的研究报道。

GC×GC 分离技术常用于石油和相关类型的样品分析。图 12.7 是利用 GC×GC 检测汽油中芳香烃和含氧化合物的色谱图 [20]。第一维柱是采用 5% 的聚二甲基硅氧烷为固定相的非极性柱，第二维柱是固定相为聚乙二醇的极性

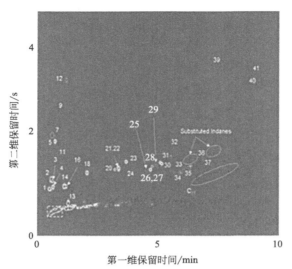

图 12.7　汽油中芳香烃和含氧化合物的 GC×GC 色谱图

资料来源：LECO 提供

柱。从图中可以看到，碳氢化合物出现在色谱图的底部，极性更大的含氧化合物散布在整个二维空间。图中非常暗的那些点（几乎看不见）表明含量相对较低，相对于高含量化合物，含量较低的化合物难以在图上产生明亮的颜色。类似于图 12.8 所示的结构化色谱图在 GC×GC 的结构化色谱图中是很常见的。

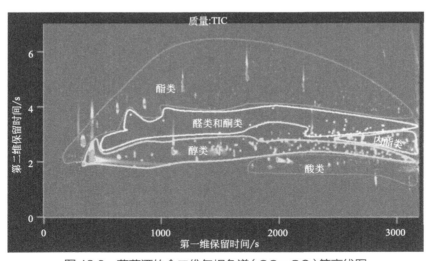

图 12.8　葡萄酒的全二维气相色谱（GC×GC）等高线图

资料来源：经许可转载自文献 [21]，Elsevier Science（2012）版权所有

GC×GC 也易与在线样品前处理技术联用，比如顶空固相萃取和固相微萃取（SPME 的详细介绍见第 11 章）。图 12.8 是全二维气相色谱检测葡萄酒香味组分的结果，采用由极性的二乙烯基苯 / 碳分子筛 / 聚二甲基硅氧烷混合纤维构成的涂层，进行顶空固相微萃取[21]。在色谱分离时，一维柱采用极性的 DB-WAX 柱，二维柱采用中等极性的 DB-17 柱。这是一个反式二维柱系统的典型案例。通常情况下采用极性较弱的色谱柱作为一维色谱柱，而在该例子中一维色谱柱具有较强极性。得到的色谱图与本章中其他色谱图类似，具有结构化谱图特征，在葡萄酒香味组分中，不同种类的化合物分布在色谱图的不同区域。在本例中，极性最大的化合物在色谱图的右下方，说明这类化合物在第一维极性柱上具有较强的保留，而在第二维柱上保留较弱。

12.5　中心切割 LC×GC 联用技术

采用中心切割技术实现 LC 和 GC 的联用，是多维技术中最经典也是最简单的应用之一。该类联用技术仅需要将液相色谱中的馏出物收集起来，并注入气相色谱系统。实际上，GC 前端的组分收集器、样品准备和注入装置都属于一维 LC 和二维 GC 之间的调制器。

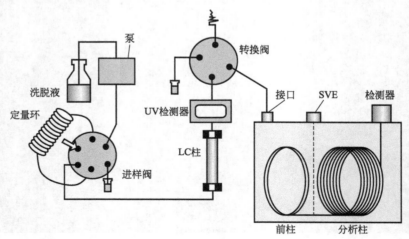

图 12.9　在线 LC×GC 装置示意图

资料来源：经授权转载自文献 [22]，Elsevier Science（2007）版权所有

近年来，通过采用转换阀和柱上进样或具备程控升温的进样装置（PTV，见第 7 章）将两个系统串联起来。图 12.9 是典型的装置示意图。接口技术的主要挑战在于转换阀的控制，以便将 LC 中特定的组分传输到 GC 中，以及优化 PTV 或柱上进样所涉及的相关参数。近些年，LC×GC 系统的仪器配置及其相关应用都受到了一定的关注和评述 [23]。

12.6　全二维 LC×GC 联用技术

全二维 LC×GC 在整个 LC 分离过程中连续生成第二维气相色谱图，可以通过简单地收集所有 LC 馏分并将它们注入 GC 来完成，如果有必要，还需在 LC×GC 分析前进行适当的样品前处理。这个过程唯一的不足就是非常耗时，尽管在中心切割的 LC 和 GC 中，可采用具有高分辨能力的长色谱柱。和 GC×GC 相似，PVT 进样口能作为在线全二维 LC×GC 中的调制器 [22]。图 12.10 是全二维 LC×GC 自动化系统的示意图。HPLC 色谱柱中的流出物先采用传统的 UV 检测器进行检测，然后转移到大体积的双臂注射器（高达 500μL）。PVT 大体积进样去除溶剂后，将样品注入毛细管柱进行第二维分离。由于 GC 运行可能需要几分钟，所以在 GC 分离完成时，HPLC 中流动相停止流动。因此，在整个过程中需要进行精确、可控的定时。

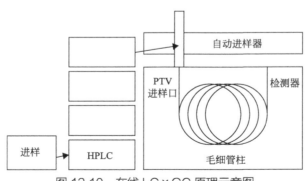

图 12.10　在线 LC×GC 原理示意图

LC×GC 分离分析技术已经在食用油和脂肪分析中得到应用 [24]。图 12.11 是三酰甘油的二维色谱图 [25]。该色谱图展示了多维色谱中一些独特的数据特征。

在传统的 HPLC 色谱图中分离非常复杂的混合物时常出现的较宽的峰，这些峰相当于多维色谱气泡图中系列化合物的叠加。多维色谱图中每个气泡代表从二维柱中分离出的一个组分，气泡的大小与原始峰的大小有关。银离子 HPLC 柱按 DB 值将脂质分离开来，而 FAME 气相色谱柱按碳数将脂质进行分离。但是单独使用时都不能实现脂质完全分离，相关脂质的分析可见文献内容[26]。

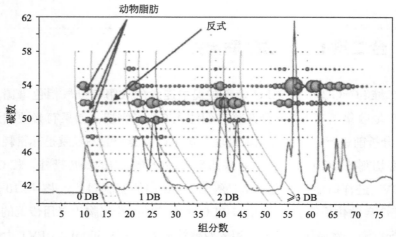

图 12.11　食用油中三酰甘油的 LC×GC 色谱图

资料来源：经授权转载自文献［25］，Wiley-VCH（2004）版权所有

参考文献

[1] Mondello, L., Lewis, A., and Bartle, K. (2002). *Multidimensional Chromatography*. New York: John Wiley & Sons.

[2] Adahchour, M., Beens, J., Vreuls, R. J. J., and Brinkman, U. A. T. (2006). *Trends Anal. Chem.* 25: 438-454, 540-553, 726-741, 621-640.

[3] Mondello, L., Tranchida, P. Q., Dugo, P., and Dugo, G. (2008). *Mass Spec. Rev.* 27: 101-124.

[4] Brinckman, U. and Beens, J. (2009). *Comprehensive Two-dimensional Gas Chromatography (GC×GC) The Art of separation*. New York: Wiley.

[5] Ramos, L. (2009). *Comprehensive Two Dimensional Gas Chromatography Ist Edition in Comprehensive Analytical Chemistry*. Amsterdam: Elsevier.

[6] "Fundamental Principles of GC×GC" Shimadzu. https: //www. an. shimadzu. co. jp/gcms/gcxgc/c146-e177. pdf (accessed 30 March 2018).

[7] Grob, K., Grob, G., and Grob, K. Jr. (1981). *J. Chromatogr.* 219: 13-20.

[8] Giddings, J. C. (1991). *Unified Separation Science*, 105-106. New York: John Wiley & Sons.

[9] Giddings, J. C. (1967). *Anal. Chem.* 39: 1927.

[10] Ryan, D., Morrison, P., and Marriott, P. (2005). *J. Chromatogr. A* 1071: 47-53.

[11] Poole, S. K. and Poole, C. F. (2008). *J. Sep. Sci* 31: 1118-1123.

[12] Blumberg, L. M. David, F., Klee, M. S., and Sandra, P. (2008). *J. Chromatogr. A* 1188: 2-16.

[13] Dallüge, J., van Rijn, M., Beens, J. et al. (2002). *J. Chromatogr. A* 965: 207-217.

[14] Dallüge, J., Beens, J., and Brinkman, U. A. (2003). *J. Chromatogr. A* 1000: 69-108.

[15] Agilent Technologies. https: //www. agilent. com/cs/library/eseminars/public/Deans%20 Switch%20060711. pdf (accessed October 2018).

[16] Eyres, G., Marriott, P. J., and Dufour, J. -P. (2007). *J. Chromatogr. A* 1150: 70-77.

[17] Liu, Z. and Phillips, J. B. (1991). *J. Chromatogr. Sci.* 29: 227-232.

[18] Bahaghighat, H. D., Freye, C. E., and Synovec, R. E. (2019). *TrAC Trends in Analytical Chemistry* 113: 379-391.

[19] Muscalu, A. M. and Górecki, T. (2018). *TrAC Trends in Analytical Chemistry* 106: 225-245.

[20] Automatic quantitative analysis of total aromatics and oxygenates in gasoline samples using comprehensive two-dimensional gas chromatography (GC×GC) and time-of-flight mass spectrometry (TOFMS), *Application Note*, LECO Corporation, St. Joseph, MI, 2007.

[21] Welkea. J. E., Manfroi, V., Zanus, M. et al. (2012). *J. Chromatogr. A* 1226: 124-139.

[22] Kaal, E., Alkema, G., Kurano, M, et al. (2007). *J. Chromatogr. A* 1143: 182-189.

[23] Hyotylainen, T. and Riekkola, M. -L. (2003). *J. Chromatogr. A* 1000: 357-384.

[24] Janssen, H. -G., Boers, W., Steenbergen, H. et al. (2003). *J. Chromatogr A* 1000: 385-400.

[25] de Konig. S., Janssen, H. -G., van Deursen, M., and Brinkman, U. A. T. (2004). *J. Sep. Sci.* 27: 397-402.

[26] Tranchida, P., Donato, P., Dugo, P. et al. (2007). *Trends Anal. Chem.* 26: 191-205.

第 **13** 章

填充柱气相色谱

在气相色谱法（GC）发展的早期，几乎所有分析工作都是在填充柱GC上进行的，因此第一批商用GC仪器也只能使用填充柱。后来，当毛细管柱被开发出来时，仅有 PE 一家制造商可以生产，因而大多数色谱工作者继续使用填充柱。所以，许多早期文献的报道中都是以填充柱作为色谱柱进行分离分析，但是现在 90% 以上的分析工作都是在毛细管色谱柱上进行的。

13.1 色谱柱

填充柱通常由不锈钢或玻璃制成，长为 2 ～ 10ft[●]，外径为 1/4in 或 1/8in。对于一些对色谱柱管材惰性有更高需求的应用，可以使用一些替代材料，包括玻璃、镍、氟碳聚合物（Teflon®）以及内衬玻璃或 Teflon® 的钢材。虽然铜和铝柔韧性很好，容易弯曲，但由于它们具有反应活性，一般不建议使用。

图 13.1 是填充柱的纵向截面图。填充柱中紧密填充了固定相，固定相由表面涂有液体薄膜的惰性硅藻土构成。这层液体薄膜的质量通常占整个固定相的 3%、5% 或 10%。填充柱的长度一般为 3ft、6ft 或 12ft，外径通常为 1/4in 或 1/8in。不锈钢因为强度较高，常被用作填充柱管材。玻璃柱比不锈钢柱的惰性更强，更适合于痕量农药和生物医学

[●] ft 和 in 为英制长度单位，非法定计量单位，1ft = 12in = 30.48cm。—编者注

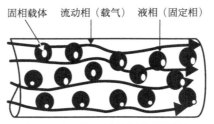

固相载体　流动相（载气）　液相（固定相）

图 13.1　填充柱的纵向截面图

样品的分析，因为这些样品可能会与活性更强的不锈钢管发生反应。

填充柱的制备和使用都很简便，有大量的液相可供选择。由于色谱柱被小颗粒紧密填充，长度超过 20ft 是不切实际的，所以一般只能得到适中的理论塔板数（最大约为 8000）。表 13.1 对两类主要的色谱柱进行了对比，并列出了各自的优缺点及一些典型特征。

表 13.1　填充柱和 WCOT 柱的比较

项目	1/8in 填充柱	毛细管柱
外径	3.2mm	0.40mm
内径	2.2mm	0.25mm
膜厚（d_f）	5μm	0.15μm
相比（β）	15～30	250
长度	1～2m	15～60m
流速	20mL/min	1mL/min
塔板数（N）	4000	180000
塔板高度（H）	0.5mm	0.3mm
优点	成本低	高效率
	易合成	更快速
	易使用	惰性更强
	样品量大	所需柱子更少
	适合于固定气体分析	适合于复杂混合物分析

13.2　固相载体和固定相

表 13.2 列出了气 - 固色谱（GSC）常用的吸附剂，表 13.3 列出了气 - 液色谱（GLC）常用的固相载体。与 GLC 的固相载体一样，这些吸附剂应该是小颗粒尺寸

且均匀的，比如，在 80/100 目之间。对于填充柱来说，固定相是附着在固相载体上的，通常根据比表面积大小和惰性来选择。在已被采用的诸多载体材料中，发现硅藻土（Chromosorb®）性能最佳。一些主要类型柱子的性质列于表 13.3 中。

表 13.2　常用的 GSC 吸附剂

硅胶	Davidson Grade 12, Chromasil®, Porasil®
活性氧化铝	Alumina F-1, Unibeads A®
沸石分子筛	MS 5A, MS 13X
碳分子筛	Carbopack®, Carbotrap®, Carbograph®, Graphpac®
多孔聚合物	Porapak®, HayeSep®, Chromosorb

表 13.3　代表性 GLC 固相载体[①]

名称	比表面积 /（m²/g）	填料密度 /（g/cc）	孔径 /μm	最大液相占比 /%
硅藻土类型				
Chromosorb P®	4.0	0.47	0.4 ～ 2	30
Chromosorb W®	1.0	0.24	8 ～ 9	15
Chromosorb G®	0.5	0.58	NA[②]	5
Chromosorb® 750	0.7	0.40	NA[②]	7
氟碳聚合物				
Chromosorb® T	7.5	0.42	NA[②]	10

① 由 Celite 公司独家商标制造。

② NA 表示无法获取的。

　　硅藻土材料表面对极性样品是非常活泼的。它们拥有与溶质分子形成氢键的自由羟基官能团，并且会导致色谱峰的拖尾现象。即使惰性最强的材料（white Chromosorb W®）也需要酸洗和硅烷化使其惰性更强[1]。二甲基二氯硅烷（DMDCS）和六甲基二硅胺烷（HMDS）都是一些典型的硅烷化试剂。有名的去活化厂家有 Supelcoport®、Chromosorb W HP®、Gas Chrom Q Ⅱ® 和 Anachrom Q®。这些材料经过去活化之后的缺点是疏水性更强，使其附着液体固定相更加困难。

　　较窄范围的小颗粒会使色谱柱的柱效更高。粒度通常根据筛孔范围给出，筛孔范围由筛孔的孔径决定，见表 13.4。GC 通常选择 80/100 目和 100/120 目。

　　涂在固相载体上面的固定液量随载体的不同而不同，含量范围为 1% ～ 25%。表 13.5 对比了三种不同含量的材料。Chromosorb P® 上涂有 15% 固定液的色谱柱和 Chromosorb W® 上涂有 25.7% 固定液的色谱柱，因为它们的密度和比表面积的差异，前者的液相量相当于后者的两倍。而 Chromosorb G® 上仅能容纳少量固定液（一般为 3% ~ 5%）。

表 13.4　筛孔和颗粒的尺寸

筛孔范围 / 目	最大尺寸 /μm	最小尺寸 /μm	平均值 /μm
80/100	177	149	28
100/120	149	125	24

表 13.5　三种固相载体的等效固定相涂层（质量百分比）

Chromosorb P®	Chromosorb W®	Chromosorb G®
5.0	9.3	4.1
10.0	17.9	8.3
15.0	25.7	12.5
20.0	32.8	16.8
25.0	39.5	21.3
30.0	45.6	25.8

资料来源：摘自 Durbin[2]。经 *Analytical Chemistry* 许可转载，美国化学学会（1973）版权所有。

涂覆量较小（低负载）适合于高沸点的化合物，涂覆量较大（高负载）适合于大量样品和挥发性溶质，比如气体等。固定相的溶液是在挥发性溶剂中制备的，将其与固相载体混合，然后将溶剂蒸发掉，最终得到的材料，即使含有 25% 的液体固定相（在 Chromosorb P® 上），也会显得干燥，很容易装入色谱柱中。

13.3　液体固定相

实际上，每种在普通化学实验室中的非挥发性液体都有可能制备成为固定相。因此，很多液体都被列入商用的供应商目录中（典型的有 100 多种）。首先，如何从这么多候选固定相中筛选出少数几个来解决大多数分析问题，显得尤为重要。所以，有些工作者已经出版了他们首选的固定相清单，表 13.6 列出了其中一部分。总体来说，这些固定相包括非极性柱固定相如聚甲基硅氧烷、中等极性柱固定相、极性柱固定相如 OV-275 和聚乙二醇（Carbowax®）。

表 13.6　推荐的液体固定相

Hawkes et al. [3]	Yancey [4]	McNair [5]
OV-101	OV-101	OV-1
OV-17	OV-17	OV-17
Carbowax® ≥ 4000	Carbowax 20M®	Carbowax 20M®
OV-210	OV-202	OV-210
DEGS	OV-225	OV-275
Silar 10C		

其次，需要考虑的问题是附着在固相载体上的固定相用量。表 13.3 列举了一些材料的用量上限。下限通常是完全覆盖固相载体表面的最小用量，用量的多少取决于表面积。但是很难获得均匀的固定相涂层，特别是对极性液体，最小占比取决于试验和误差。

最后需要考虑的问题是柱长。如果该仪器能进行程序升温，可以不考虑这点。而对于填充柱系统，情况并非总是如此（见第 6 章）。为了便于填充和处理，柱长通常较短（1 ~ 3m）。

针对已知样品选择最佳毛细管柱固定相的问题在第 5 章中讨论过。填充柱固定相的选择与毛细管柱相似，但填充柱固定相的选择更重要，所以有很多的固定相种类可供选择。Millipore Sigma（Supelco）共享了一个有用的参考资料[6]，提供了将近 200 种实际样品在填充柱上分离的实例。其他供应商也提供了一些应用信息。

13.4　固体固定相

在气固色谱（GSC）中经常采用硅胶和氧化铝这样普通的固体吸附剂，但是大多数用作固定相的固体已被开发用于一些特殊领域中。表 13.2 列举了其中一些，下面描述了一些常见的应用。

图 13.2 是固定气体在硅胶上的典型分离。在这个实例中，即使峰形和塔板数都相对不错，但是在 GSC 中，很多固体固定相表现的峰形都较差（通常会拖尾），且效率也不高。需要指出的是，在硅胶上空气中的氧气和氮气不能得到较好的分离。

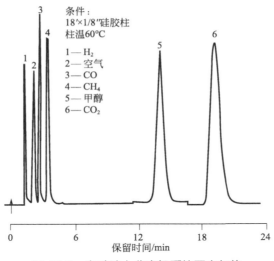

图 13.2　在硅胶上分离轻质的固定气体

适用于轻质固定气体（不适用于 O_2 和 N_2）

常用的固体分子筛很容易分离氧气和氮气，比如自然形成的沸石和一些合成材料，如碱金属铝硅酸盐。合成的分子筛柱上的典型分离实例如图 13.3 所示。这些分子筛是根据它们的近似有效孔径来命名的，例如，5A 分子筛的孔径为 5Å，13X 分子筛的孔径为 9Å。在任一分子筛上氧气和氮气的分离是相似的，但是要把 CO 从 5Å 的分子筛中洗脱下来需要两倍时间。

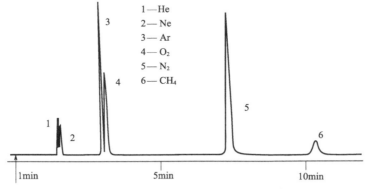

图 13.3　利用分子筛柱分离氧气和氮气

Carbosieves® 是 GC 中典型的固体固定相，这种材料通过热解聚合物前驱体，生成含有小孔隙的纯化碳作为分子筛。Carbosieves® 不仅可以代替分子筛分离氧气和氮气，而且还可以被用来分离小分子量的碳氢化合物、甲醛、甲醇和水。Carbosieves® 的其他商品名称为 Ambersorb® 和 Carboxen®。

石墨化的碳材料是另一类碳质吸附剂，这种材料是无孔且非特异性的，根据几何结构和极性来分离有机分子。这类材料通常也被附着一层轻质固定液来增强性能和避免拖尾。图 13.4 显示了混合溶剂的典型分离。这种材料最常见的商用名是 Carbopack®。

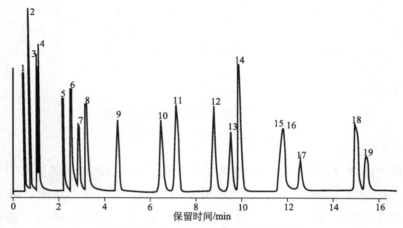

图 13.4　Carbopack® 上的溶剂分离

条件：柱，6ft×1/8in o.d. SS，Carbopack C，表面涂覆 0.1% SP-1000；
温度程序，100～225℃，8℃/min；流量，20mL/min 氮气；检测器，FID
色谱峰：1—甲醇；2—乙醇；3—丙酮；4—异丙醇；5—甲基乙基酮；6—异丁醇；7—乙酸乙酯；
8—正丁醇；9—乙酸异丙酯；10—环己酮；11—甲基异丁基酮；12—乙酸异丁酯；13—乙酸丁酯；14—甲苯；
15—乙二醇丁醚；16—乙二醇丁醚醋酸酯；17—乙苯；18—间二甲苯和对二甲苯；19—邻二甲苯

1996 年，Hollis[7] 制备了一种多孔聚合物，并获得了专利，该聚合物的商标名为 Porapak®。为极性溶剂中水的分离和分析提供了一个满意的解决方案。水分子非常容易形成氢键，因此水在大多数固定相上都会产生拖尾现象，但是图 13.5 所示的 Porapak® 解决了这一问题。

最初采用五种不同性质的聚合物，它们的极性从 P 到 T 递增，现在有八种。水在 Porapak P 和 Q 上能很快被洗脱下来，这一点对其实际应用非常有利，尤其是当水对目标化合物分析有干扰时。Porapak Q® 在 −78℃下也能够分离氧气和氮气。Chromosorb® Century Series 提供了一系列有竞争性的聚合物。想要了解更多的应用实例，请参考色谱供应商提供的文献。

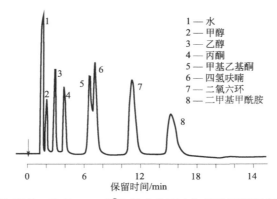

图 13.5　在 Porapak®Q 柱上分离水与极性溶剂混合物

色谱柱：6ft×1/4in 150/200 目 Porapak® Q，220℃；载气流速，37mL/min 氦气；检测器，TCD

13.5　气体分析

气体分析是 GSC 填充柱主要应用的领域之一。这些填充柱的特点使其成为气体分析的理想选择，具体特点如下：

① 吸附剂的表面积大，能够最大限度地与气体相互作用，这一点在液体固定相中很难实现。

② 适用于大量样品，实现更低的检测限。

③ 一些 GC 填充柱能在低于环境温度下运行，这也将增加气体溶质的保留。

④ 多根柱和阀的独特组合使优化特定样品成为可能。图 13.6 是其在页岩油气中的一个应用。

气体进样阀在这些仪器中也是常见的。图 13.7 就是一个常见的六通进样阀配置。它的操作位置有两个：一个用于填充定量环，另一个用于注射样品。在气体样品阀中没有死体积，重现性也非常好。

阀门可以装在单独的炉温箱中，以确保可重复地定量取样。阀门中样品压力对准确定量是非常重要的。但是，如果定量环处于常压下，柱入口处于分析所需的高压下，就会观察到较大的基线波动，如图 13.8 所示。所以，定量环通常要在较高的压力下被填满以解决这一问题。或者让该柱处于恒压状态下工作，而不是更常见的恒流状态。

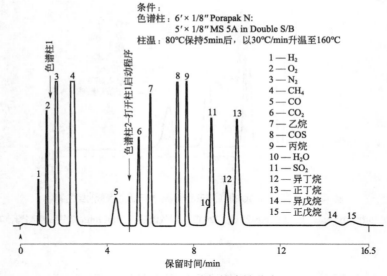

条件：
色谱柱：6′ × 1/8″ Porapak N:
　　　　5′ × 1/8″ MS 5A in Double S/B
柱温：80℃保持5min后，以30℃/min升温至160℃

1 — H₂
2 — O₂
3 — N₂
4 — CH₄
5 — CO
6 — CO₂
7 — 乙烷
8 — COS
9 — 丙烷
10 — H₂O
11 — SO₂
12 — 异丁烷
13 — 正丁烷
14 — 异戊烷
15 — 正戊烷

保留时间/min

图 13.6　页岩油气的多柱分离

资料来源：由安捷伦科技公司提供

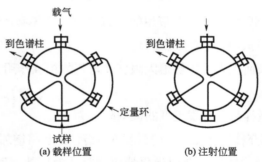

(a) 载样位置　　　　　　　(b) 注射位置

图 13.7　典型的六通进样阀

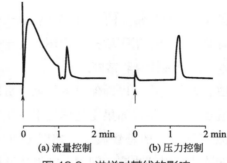

(a) 流量控制　　　　　　　(b) 压力控制

图 13.8　进样对基线的影响

资料来源：由安捷伦科技公司提供

阀门也可用于柱切换，以实现特定分离。Willis 的综述 [8] 中有很多阀门的排列组合。阀门通过合适的组合也可以实现反冲洗，这是气体分析中常见的技术。

气相色谱通常和热导检测器（TCD）联用以实现对气体的分析，热导检测器通用且稳定，灵敏度适中，常用氦气为载气。影响热导检测器灵敏度的因素主要有桥路电流、载气种类、池体温度、热敏元件等，可以通过改善以上因素来提高热导检测器的灵敏度。

混合气体中的氢气不能用氦气作为载气的 TCD 分析。氢气的热导率非常接近氦气，会得到 W 形的无规则峰形，导致定量很困难 [9]。氮氢二元混合物的热导率也不是简单的线性函数。更多讨论和可行的解决方法可以在 Thompson 的专著 [10] 中找到。

当检测中需要更高的灵敏度，TCD 就显得不够用了，由于氢火焰离子化检测器（FID）不是通用的检测器，所以也不能成为理想的选择。这种情况下，例如对环境气体进行分析时，首选的是其他离子化检测器，现在市场上有满足此需求的离子化检测器[11]。

13.6   其他无机物的分析

除了上节中提到的固定气体外，大多数无机化合物因挥发性较低而无法利用 GC 直接进行分析。所以，无机 GC 通常作为一个单独的主题来讨论，其中涉及挥发性衍生物的形成（见第 14 章）和选择性检测器的使用。Bachmann 的综述文章 [12] 中论述了无机分析的主要内容。此外，Uden 也在他的综述文章 [13] 和《无机色谱分析》专著的一章中讨论了无机分析的方法 [14]。

13.7   填充柱进样口和液体进样

填充柱上液体样品的进样通常是利用微型注射器针头穿过密封硅胶隔垫来完成的，如图 13.9 所示。在图 13.9 中，填充柱与注射器针头平行，有两种可能的进样方式：柱上进样或闪蒸进样。

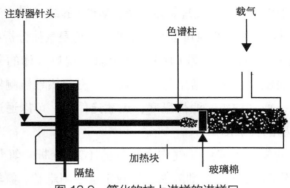

注射器针头　　　　　　　色谱柱　　　　　　　载气

加热块　　　玻璃棉

隔垫

图 13.9　简化的柱上进样的进样口

对于柱上进样，柱子的位置如图 13.9 所示，色谱柱从针头刚刚到达的位置开始填充。当注射器被推入端口时，样品将被传送到填充柱的第一部分，最好用一个小玻璃棉塞来容纳注入的样品。在那里分析物将根据其相对分配系数被吸附到柱上或蒸发掉。对于大多数样品，样品中的大部分含量会进入固定相，因此称作柱上（on column）。当购买柱上进样的商用柱时，有必要根据刚才讨论的几何要求指定空柱的长度。还可以使用预柱，在变脏时方便更换或清洗。

在第二种配置中，柱的位置让前端（和填料）几乎不能延伸到注射口，注射器针头无法到达。这种结构中，想要实现有效的进样过程，需要使样品在进样端口时使其快速蒸发（闪蒸）。将注射口加热到远高于样品沸点的温度，以确保快速挥发，从而简化操作。这种方法可能存在的一个缺点是样品可能会接触到端口的热壁，从而发生热分解。所以惰性的玻璃衬垫经常被插入到注射口。填充柱气相色谱几乎都是在恒流载气下工作的。恒流阀对程序升温过程也是必不可少的。如第 8 章所述，TCD 首选恒流操作。

13.8　特殊色谱柱及其应用

对特殊分析物，用普通的填充柱不能很好地进行分析时，需要使用一些特殊色谱柱或者是尺寸特殊的柱子，比如所谓的微孔柱。

为了对较难分析的样品提供特殊的选择性，设计了很多的固定相。表 13.7 列出了其中的一部分。

表 13.7　固定相填料的特殊应用

填充柱填料	应用
（1）混合固定液	
1.5% OV-17®+1.95% OV-210®	农药
2% OV-17®+1% OV-210®	氨基酸
20% SP-2401®+0.1% Carbowax1500®	溶剂
1.5% OV-17®+1.95% OF-1®	邻苯二甲酸盐，EPA 方法
（2）用于失活的混合液	
10% ApiezonL®+2% KOH	有机胺类
12% 聚苯醚 +1.5% H_3PO_4（在聚四氟乙烯上和聚四氟乙烯里）	含硫气体
（3）其他	
5% SP-1200®+5% Bentone34®clay	二甲苯异构体
10% Petrocol A、B 或 C	模拟蒸馏
0.19% 三硝基酚 Carbopack C®	不饱和的轻质碳氢化合物
5% Fluorcol on Carbopack B®	氟利昂

　　研究发现，在一个色谱柱固定相中混合几种不同的液相，其选择性会与各液相的总和成正比[15-19]。一般固定相在柱中是保持分离还是混合在一起并不重要。表 13.7 列出了一些有用的方法。其中一些在市场上是可获得的，比如，那些在 EPA 方法中对废水分析所用到的色谱柱。毛细管柱不具备这样的灵活性，因此混合填料便成了填充柱的独特优势之一。

　　一般来说，强酸性或强碱性样品由于反应活性高、氢键作用强而难以用于色谱分析。为了克服这些影响，最常用的做法是在液相中加入少量（1% ～ 2%）的改性剂来掩盖最活跃的位点。比如，氢氧化钠或氢氧化钾被用来使胺类等碱性化合物的填料失活，而磷酸被用来使游离酸和苯酚等酸性化合物的填料失活。

　　表 13.7 还给出了其他特殊的色谱柱。大多数填充柱在市场上可以买到。而手性填料是另一种很重要的填料，在毛细管柱中更常见，详细讨论见第 14 章。

　　色谱柱的柱效会随柱子直径的减小而提高，但是直径很小的柱子就会面临填充困难和高压力降的特殊问题。在市场上可以买到内径为 750μm 的填充柱，当需要在毛细管柱和填充柱中进行折中和平衡的时候，这种色谱柱就是一个不错的选择。下面是一些实例：①为了实现高效率和大样品容量，②高挥发性样品，③比正常的填充柱更快的速度，④得到混合填料的选择性优势。

　　虽然填充柱是某些分析物的首选，但毛细管柱的效率更高，对大多数分析物而言是首选。旧的填充柱气相色谱仪可以通过适当的改造和加工以最小的成本升级为毛细管柱气相色谱仪。

主要改进的地方是安装一个毛细管入口和给检测器添加补充气体。用于此目的的工具包可以从实验室供应商获得，McMurtrey和Knight[20]已经描述了自制工具包的建造。最简单的改进是把填充柱改为大口径柱[21]，Jennings[22]详细讨论了这个过程。这个转换相对比较简单，至少所有柱子都需要配件和柱管。而且这些柱子可用于TCD[23]和FID。

参考文献

[1] Ottenstein, D. M. (1973). *J. Chromatogr. Sci.* 11: 136.

[2] Durbin, D. E. (1973). *Anal. Chem.* 45: 818.

[3] Hawkes, S., Grossman, A., Hartkopf, T. et al. (1975). *J. Chromatogr. Sci.* 13: 115.

[4] Yancey, J. A. (1986). *J. Chromatogr. Sci.* 24: 117.

[5] McNair, H. M. (1994). *ACS Training Manual.* American Chemical Society.

[6] Anonymous (2018). *Packed Column GCApplication Guide*, Millipore Sigma (Supelco), Bellefonte, PA. https: //www. sigmaaldrich. com/content/dam/sigma-aldrich/docs/Supelco/ Bulletin/t195890. pdf (accessed September 2018).

[7] Hollis, O. L. (1966). *Anal. Chem.* 38: 309.

[8] Willis, D. E. (1989). *Advances in Chromatography*, vol. 28(ed. J. C. Giddings). New York: Marcel Dekker Chapter 2.

[9] Miller, J. M. and Lawson, A. E. Jr. (1965). *Anal. Chem.* 37: 1348.

[10] Thompson, B. (1977). *Fundamentals of Gas Analysis by Gas Chromatography*. Palo Alto, CA: Varian Associates.

[11] Madabushi, J., Cai, H., Stearns, S., and Wentworth, W. (1995). *Am. Lab.* 27(15): 21.

[12] Bachmann, K. (1982). *Talanta* 29: 1.

[13] Uden, P. C. (1984). *J. Chromatogr* 313: 3-31.

[14] Uden, P. C. (1985). *Inorganic Chromatographic Analysis*, Vol. 78(ed. J. C. MacDonald). New York: John Wiley & Sons Chapter 5.

[15] Laub, R. J. and Purnell, J. H. (1976). *Anal. Chem.* 48: 799.

[16] Chien, C. F., Laub, R. J., and Kopecni, M. M. (1980). *Anal. Chem.* 52: 1402 and 1407.

[17] Lynch, D. F. (1975). Palocsya, and Leary. J. J., *J. Chromatogr. Sci.* 13: 533.

[18] Pecsok, R. L. and Apffel, A. (1979). *Anal. Chem.* 51: 594.

[19] Price, G. J. (1989). *Advances in Chromatography*, vol. 28 (ed. J. C. Giddings). New York: Marcel Dekker Chapter 3.

[20] McMurtrey, K. D. and Knight, T. J. (1983). *Anal. Chem.* 55: 974.

[21] Duffy, M. L. (1985). *Am. Lab.* 17([10]): 94.

[22] Jennings, W. (1987). *Analytical Gas Chromatography*. San Diego: Academic Press Chapter 17.

[23] Lochmuller, C. H., Gordon, B. M., Lawson, A. E., and Mathieu, R. J. (1978). *J. Chromatogr. Sci.* 16: 523.

第 **14** 章

专题

在此类介绍性书籍中应该包括几个额外的主题。本章将对这些内容进行简单介绍，内容包括：快速气相色谱（fast gas chromatography，简称 fast GC）、气相色谱（GC）手性分析、非挥发性化合物的分析（洐生化法及热解气相色谱和反相气相色谱）。还将对基于保留体积和活度系数的经典保留理论展开讨论。

14.1 **快速气相色谱**

相比于其他分析方法，GC 分析速度较快，为了节省时间，分析人员总是更倾向于尽可能快地完成分析过程。但是在本章中对快速 GC 的定义是怎样的呢？目前还没有正式的被公认的定义，但是我们能够区分快速 GC 的三个级别或类型，这将有助于分类讨论。

14.1.1 定义

① 更快的气相色谱。这种类型的 GC 涉及几个简单的步骤，可以采取这些步骤来减少原始方法的分析时间。比如，一种传统而简单的等温方法可以通过改变一个或多个基本参数（更短的柱、更快的流速或更高的温度）来改进。

② 快速气相色谱。这种类型的 GC 条件更加严格，通常涉及多

处改进，甚至包括对所使用的仪器进行升级。表 14.1 中列出了最常见的方法。这种类型的升级通常应用于更加复杂的样品（超过 10 个色谱峰），并利用程序升温。这也是本节的重要主题之一。

表 14.1　实现快速 GC 的一些方法

1. 更短的色谱柱
2. 内径更小的色谱柱
3. 涂层更薄的色谱柱（固定相的薄膜）
4. 更快的流速
5. 更快的程序升温
6. 用氢气作为载气
7. 优化 α 值（选择性更好的固定液）
8. 利用选择性检测器（ECD、MS 等）

③ 超快速气相色谱。通常采用特殊仪器来尽量实现超快速分析。除了表 14.1 中列出的原理之外，还具有表 14.2 中列出的特征。典型的例子如图 14.1 所示，在 1.86s 之内分离了苯、甲苯和二甲苯。一篇关于最小化分析时间的理论综述指出，1ms 的峰宽是很容易实现的 [1]。

表 14.2　超快速 GC 所需的仪器条件

1. 柱加热器（与通常的炉温箱不同）可以提供非常快的程序升温速率
2. 新的注射器和进样口分流器，适合在非常狭窄区域的小样本
3. 具有非常快的时间常数的检测器；通常是飞行时间质谱仪
4. 仪器设计为无额外死区，可避免谱带展宽，同时检测器的体积非常小

14.1.2　快速气相色谱的其他优势

高通量。采用快速 GC 可以在更短时间内完成更多样品的检测。这说明在大型实验室需要购买（和使用）的仪器会更少，节省了人力物力、时间和金钱。

误差更小。具有平行分析通道，可对每个样品进行重复分析，得到的平均值能够提供更好的精度，并且能够及时发现不常见、但是消耗大的不良色谱图（无进样泄漏、交叉污染等）。

精度更高。在一系列自动运行中，分析标样对数据质量进行改进（特别是对痕量分析）。分离两种标准样品之间的未知物的能力可以极大地提高准确性。

开发方法更便捷。与常规分析中花几天或几周的时间开发一个方法不同，快速 GC 通过合理的实验设计，能够在几小时内开发出最优的分析方法。

在线分析。几分钟的快速 GC 分析时间，允许分析实验系统安装在工厂附近。样品可以"离线"并快速分析，便于对工艺流程、原材料和成品进行快速处理。与购买一台专门 GC 相比，这无疑是一种更便宜、更灵活的选择。

14.1.3 实现快速气相色谱的基本原理总结

更短的柱子。对于等温分析过程，保留时间与柱长成正比，所以更短的柱子洗脱速度会更快，但是效率也会更低。理论塔板数也与柱长成正比，但是分辨率 R_s 与 $\sqrt{N}$ 成正比。所以，如果将等温柱减半，保留时间和 $\sqrt{N}$ 都会减半，但是分辨率只降低了 $\sqrt{N}$。

更快的流速。van Deemter 曲线说明了流速对谱带展宽和 H（见图 2.11 和图 2.12）的影响。在大于最优流速时，H 由 C_M 和 C_S 决定，C_M 和 C_S 分别是在流动相和固定相中的传质阻力项。对于薄膜（$d_f < 0.2\mu L$），C_M 是主导因素，并且在可接受的 H 值下，流速可能比最优流速快很多。在上述情况下，氢气作为载气要比氦气具有更快的气相传质速度，所以分析速度会更快。图 14.1 是利用氢气作为载气实现分离的实例，刚好解释了这一点。

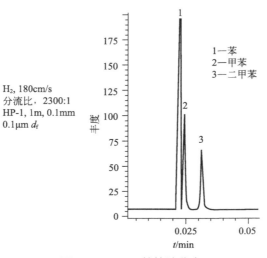

图 14.1　BTX 的快速分离

更快的程序升温。显然仅适用于程序升温的方法，但在一种特殊情况中这种技术非常强大。在复杂样品（大于 10 个峰），只想得到一个或少量的峰的定量结果（牛奶中胆固醇、在香薰蜡烛中的乙醇溶剂等），通常可以快速分离感兴趣的一个峰（或是几个峰），然后将柱温快速升到设定的最高温度使所有组分流出，从而减少分析时间。

利用氢气作为载气。上文提到的一个应用是利用薄膜使 C_M 成为主导因素，但是即使采用厚膜和等温操作，氢气的最佳流速也是氮气的 2 倍，是氦气的 4 倍。但是要注意避免氢气泄漏，因为空气中氢气浓度在 4% 以上就存在潜在的爆炸危险。

优化 α 值。对于简单样品和只有少数几个想要得到的峰的样品，很值得采用不同的固定液尝试更快的分离。对于复杂的样品和许多感兴趣的峰，几乎没有选择性更好的固定液，来解决两个或更多峰的分离困难的问题而不增加其他峰的分离难度。一种越来越普遍的替代方案是多维气相色谱（见第 12 章）。更多的信息在两篇综述中提到 [2,3]，最近的文献 [4] 中提出了 Hinshaw 开发的一个方法实例。

14.2　气相色谱手性分析

不管是在气相色谱还是高效液相色谱中，手性分离都是手性化合物（药物、农药、香料和信息素等）合成、表征和优化的重要部分。毛细管气相色谱手性分离具有分析效率高、灵敏度高、分析速度快等优点，但是受挥发性的限制。将手性固定相和聚硅氧烷结合可以提高热稳定性。

气相色谱分离对映体既可以直接进行 [手性固定相（CSP）的使用]，也可以间接进行（柱外转化为非对映体衍生物和非手性固定相分离）。直接法不仅操作简单，在样品制备过程中损失也是最小的。当然，关键在于找到一个同时具有选择性和热稳定性的手性固定相。

主要有三种手性固定相的类型：①手性氨基酸衍生物 [5-7]，②手性金属配合物 [8]，③环糊精衍生物 [9-12]。环糊精被认证是气相色谱中最通用的手性柱材料。

14.3　非挥发性化合物的分析

气相色谱主要的局限之一是不能直接分析非挥发性化合物，但是由于 LC 没有这一限制，它通常是首选的分析方法。然而，也有一些替代方案可以允许 GC 来分析部分非挥发物（如糖、氨基酸和聚合物）。一种是生成挥发性衍生物，这些衍生物可以在正常的气相色谱模式下运行；另外还有热解气相色谱和反相气相色谱的模式。本节将简要介绍这三种方法。

14.3.1　衍生化

对样品采用化学反应形成衍生物有许多理由。有利于气相色谱分析的原因如下：

① 衍生化使非挥发性样品得以挥发，或者提高衍生物的可检测性。本文主要讨论的是如何改善挥发性，防止生物分离过程中常见的柱污染问题。

② 衍生化往往具有理想的二次效应，因为衍生物的热稳定性可能更高。

一些衍生化的专著列于参考文献 [13-16] 和实验室供应商的一些相关出版物 [17-19]。

反应类型：制备挥发性衍生物最常见的反应分为硅烷化、酰化、烷基化和配位络合反应。表 14.3 中包含前三种反应类型的示例，包括羧基、羟基、胺和羰基等官能团。即使胺类是易挥发的，也需要特别考虑，因为它们强烈的形成氢键的趋势导致其很难从 GC 柱中洗脱出来。因此，不管胺类是否具有挥发性，都必须进行衍生化。有综述文献对这个问题提供了很全面的探讨 [20]。

表 14.3　衍生化反应

官能团	方法	衍生物
酸类	硅烷化	$RCOOSi(CH_3)_3$
	烷基化	$RCOOR'$
醇类和酚类—— 无空间位阻或部分位阻	硅烷化	$R—O—Si(CH_3)_3$
	酰化	$\begin{matrix}O\\\parallel\\R—O—C—PFA\end{matrix}$
	烷基化	$R—O—R'$

官能团	方法	衍生物
醇类和酚类——严重空间位阻	硅烷化	$R-O-Si(CH_3)_3$
	酰化	$R-O-\overset{\displaystyle O}{\overset{\displaystyle \|}{C}}-PFA$
	烷基化	$R-O-R'$
有机胺类（1°和2°）	硅烷化	$R-N-Si(CH_3)_3$
	酰化	$R-N-\overset{\displaystyle O}{\overset{\displaystyle \|}{C}}-PFA$
	烷基化	$R-N-R'$
有机胺类（3°）	烷基化	PFB 氨基甲酸酯
胺类	硅烷化	$\overset{\displaystyle O}{\overset{\displaystyle \|}{R}C}-NHSi(CH_3)_3$(不稳定的)
	酰化	$R\overset{\displaystyle O}{\overset{\displaystyle \|}{C}}-NH-\overset{\displaystyle O}{\overset{\displaystyle \|}{C}}PFA$
	烷基化	$R\overset{\displaystyle O}{\overset{\displaystyle \|}{C}}-NHCH_3$
氨基酸	酯化/酰化硅烷化	$RCHOOSi(CH_3)_3$ $N-Si(CH_3)_3$
	酰化+硅烷化	$RCHOOSi(CH_3)_3$ $N-TFA$
	烷基化	$RCHCOOR'$ NHR'
儿茶酚胺类	酰化+硅烷化	苯环取代: $R-\overset{H}{N}-HFB$, $OSi(CH_3)_3$, $OSi(CH_3)_3$
	酰化	苯环取代: $R-\overset{H}{N}-HFB$, $OHFB$, $OHFB$

官能团	方法	衍生物
碳水化合物和糖	硅烷化	$OSi(CH_3)_3$ —$(CH_2)_x$—
	酰化	$OTFA$ —$(CH_2)_x$—
碳水化合物和糖	烷基化	OR —$(CH_2)_x$—
醛酮类	硅烷化	$TMS-O-N=C\Big\langle$
	烷基化	$CH_3-O-N=C\Big\langle$

资料来源: Regis Chemical 提供。

注: TMS—三甲基硅基; PFA—全氟酰基; TFA—三氟乙酰基; HFB—七氟丁酰基。

第四种反应类型是利用金属配位络合, 典型试剂有三氟乙酰丙酮和六氟乙酰丙酮[21]。Drozd 对这个领域进行了综述并且提供了超过 600 条文献支撑[22], 这是前人没有做过的工作。

硅烷化反应是最普遍的, 同时需要进一步说明。很多试剂可以在市场上获得, 大多数的合成是将三甲基硅基引入分析物中使其挥发。一种典型的反应是利用双(三甲基烷基)乙酰胺(BSA)和乙醇:

$$R-OH+H_3C-C\begin{matrix}O-Si(CH_3)_3\\ \\N-Si(CH_3)_3\end{matrix} \longrightarrow R-O-Si(CH_3)_3+H_3C-C\begin{matrix}O-H\\ \\N-Si(CH_3)_3\end{matrix}$$

一种作用相似的试剂含有三氟乙酰胺基团, 并且能够产生更易挥发的副产物(不是更易挥发的衍生物), 该试剂是双(三甲基硅基)三氟乙酰胺(BSTFA)。硅烷化试剂的反应活性顺序是:

TSIM≥BSTFA≥BSA≥MSTFA≥TMSDMA≥TMSDEA≥TMCS≥HMDS

总体来讲, 反应的容易程度的顺序为: 醇类≥酚类≥羧酸≥胺类≥酰胺类。

如果使用溶剂, 通常为极性溶剂, 如 DMF 和吡啶, 通常用于吸收酸性反应副产物。有时需要使用酸性催化剂[如三甲基氯硅烷(TMCS)]和加热, 以便加速反应进行。

（1）衍生化方法

衍生化的方法可以分为几类：柱前衍生和柱后衍生的方法，以及离线衍生和在线衍生的方法。比如，用于气相色谱的挥发性衍生物通常在进样前在不同的小瓶中离线制备（柱前）。有一些例外情况是把试剂混合在一起进样，此时衍生化反应发生在气相色谱的热进样口（在线）或 SPME 纤维上。

柱前未完成的反应将会产生比初始样品更加复杂的混合物。因此，通常加入过量的试剂来促使反应完成，这样在样品中会留下过量的试剂。除非使用预先的分离步骤，否则必须建立色谱方法来分离这些额外杂质。当离线操作时，柱前技术可以使用缓慢的反应和加热的条件来提供更好的定量结果。

检测限的改善通常来自将检测器可检测的部分，如发色团，加入被分析物中。在气相色谱中，一个实例是功能基团的加入将提高选择性检测器（如 ECD）的灵敏度。生成这些衍生物的目的是降低检测限或提高选择性，或两者兼得。另一个例子是使用氘化试剂形成衍生物，这些分子量大的衍生物在 GC-MS 中很容易区分。

（2）小结

衍生化为气相色谱分析非挥发性样品提供了一种方法，但也有人认为用其他方法分析会更好，因此需要自己决定。至少，衍生物的形成在分析过程中增加了一个或多个步骤，也就增加了产生额外误差的可能性，需要其他方法去验证。

使用内标法（见第 9 章）可将衍生化纳入定量分析方法，但是在进行衍生化之前需要在样本中添加内标物质。

14.3.2 热解气相色谱

热解气相色谱主要从所得到的峰的形态来识别聚合物[23-26]。不需要注入样品，只需将聚合物放入热解炉中，使其迅速加热到足够高的温度，从而使聚合物可控热分解。通过程序升温气相色谱（PTGC）对分解产物进行色谱分析，得到可与已知聚合物进行比较的色谱图，从而进行未知聚合物的定性鉴定。具体基本原理和应用参见参考文献 [27]。

14.3.3　反相气相色谱

反相气相色谱得到的数据与常规气相色谱相反。因为它的目的是获取常规气相色谱无法得到的很多大的非挥发性分子的信息，所以由大分子（通常为聚合物或纤维）组成的样品被用作气相色谱的固定相，而不是作为气相色谱样品。对于固定相为非挥发性样品的色谱柱，采用小的挥发性分子作为探针进行研究。实际上，溶质和溶剂的作用是相反的。文献 [28] 提供了一个关于反相气相色谱在制药材料的表面和体积性质研究中应用的实例，关于这项技术的细节可以参考 Condor 和 Young 的书 [29] 和 Mohammed-Jam 和 Waters 的综述 [30]。

14.4　其他理论

虽然色谱学家可能不会在日常生活中遇到这些理论问题，但理论为色谱分析提供了重要的基础。在经典的填充柱气相色谱中，分析物的保留常基于保留体积而不是保留时间来讨论的。填充柱中的流速足够高，因此在柱出口处很容易测量，而色谱理论所依据的平衡常数是基于浓度（包括体积）的，所以最终，基于体积的保留测量提供了更准确的理解。此外，在色谱柱中发生的溶质固定相相互作用可以用活度系数来描述。

14.4.1　保留时间理论

保留因子 k 是固定相中溶质的质量（不是溶质的浓度）与流动相中溶质的质量之比：

$$k=\frac{(W_A)_S}{(W_A)_M} \tag{14.1}$$

这个值越大，溶质在固定相中的量就越大，因此它在色谱柱上保留的时间就越长。在这层意义上，保留因子衡量的是溶质被保留的程度。因此，它是一个与分配系数一样有价值的参数，而且它是一个可以从色谱图中很容易评估的参数。

为了得到一个有用的定义，重新整理了式（2.6），代入式（2.7），得到：

$$k=\frac{K_c}{\beta}=\frac{K_cV_S}{V_M}$$ （14.2）

如果把保留时间写成保留体积，就给出了保留时间的基本定义：

$$V_R=V_M+K_cV_S$$ （14.3）

重新整理会得到一个量 V'_R，即调整保留体积：

$$V_R-V_M=V'_R=K_cV_S$$ （14.4）

调整保留体积与热力学分布常数成正比，因此常用于理论方程。从本质上讲，它是从未保留峰（空气或甲烷）测量的保留时间，如图 1.5 所示。

重新整理式（14.4），代入式（14.2）得到 k 的定义：

$$k=\frac{V'_R}{V_M}=\left(\frac{V_R}{V_M}\right)-1$$ （14.5）

由于保留体积（V'_R 和 V_M）都可以直接从色谱图中得到，因此很容易确定所有溶质的保留因子，如图 2.1 所示。k 的相对值列于表 2.1 中，有助于比较表中色谱柱的类型。

需要注意的是，溶质在固定相中的保留量越多，保留体积越大，保留因子越大。因此，即使对于给定的溶质，分布常数可能是未知的，但保留系数很容易从色谱图中得到，而且可以用它代替分布常数来衡量溶质的相对吸附程度。然而，如果 β 是已知的（通常是 OT 柱的情况），分布常数可以根据式（14.5）来计算。

14.4.2 载气压缩性

进入气相色谱柱的载气处于一定压力下，而柱出口通常处于常压下，因此入口压力 p_i 大于出口压力 p_o。因此，气体在进口处被压缩，并在通过柱时膨胀，从柱头到出口的体积流量也会增加。

通常体积流量是在出口测量的，在那里它是最大的。为了得到平均流量 F_c，出口流量必须乘以压缩校正系数 j：

$$j=\frac{3}{2}\left[\frac{(p_\mathrm{i}/p_\mathrm{o})^2-1}{(p_\mathrm{i}/p_\mathrm{o})^3-1}\right] \tag{14.6}$$

和

$$\overline{F}_\mathrm{c}=jF_\mathrm{c} \tag{14.7}$$

如果从保留时间计算保留体积，就应该使用平均流速，得到的保留体积称为校正保留体积，即 $V_\mathrm{R}{}^\circ$：

$$V_\mathrm{R}^\circ=jV_\mathrm{R}=jt_\mathrm{R}F_\mathrm{c} \tag{14.8}$$

这个术语不应与前面的调整保留体积相混淆。

因为刚刚给出了调整保留体积和校正保留体积的相关定义，我们不应该混淆这两个概念。每一个量都有特殊的定义：调整保留体积 V_R' 是除去空隙体积（从甲烷或空气峰值测量）的保留体积，如式（14.9）所示。校正保留体积 $V_\mathrm{R}{}^\circ$ 是在平均流速的基础上对载气压缩性进行校正后得到的值。还有一个保留体积代表的是同时调整和校正后得到的值，它被称为净保留体积 V_N：

$$V_\mathrm{N}=j(V_\mathrm{R}-V_\mathrm{M})=jV_\mathrm{R}'=V_\mathrm{R}^\circ-V_\mathrm{M}^\circ \tag{14.9}$$

因此，对于 GC，式（14.9）可以更简单地写成：

$$V_\mathrm{N}=K_\mathrm{c}V_\mathrm{S} \tag{14.10}$$

气相色谱分析中，在应该使用净保留体积的情况下，工作人员可以根据特定情况随意替换调整保留体积。在液相色谱分析中，流动相没有显著的压缩性，所以这两个值可以互换使用。

14.5　活度系数

还有另一种常见的方式来表达溶质和固定相之间的相互作用，它来自对溶液热力学性质的考虑。

拉乌尔定律表示溶液的蒸气压 p_A 与纯溶质的蒸气压 p_A° 之间的关系：

$$p_\mathrm{A}=X_\mathrm{A}p_\mathrm{A}^\circ \tag{14.11}$$

式中，X_A 为溶质 A 的摩尔分数。GC 分析的溶质往往不是遵循亨利定律的理想溶液，其比例常数代替了纯溶质的蒸气压。为了满足这个非理想状态，拉乌尔定律通过引入活度系数 γ 的概念进行修正：

$$p_A = \gamma_A X_A p_A^\circ \qquad (14.12)$$

因此，活度系数与溶质和溶剂之间的分子间作用力有关。如果它可以被测量，它也能提供对这些力的衡量。

活度系数与分布常数 K_c 之间的关系为：

$$K_c = \frac{V_s d_s R T}{\gamma p^\circ M_s} \qquad (14.13)$$

式中，R 是气体常数；T 是温度；d_s 是固定相的密度；M_s 是固定相的分子量。

考虑到需要被分离的两种溶质 A 和 B，它们的分布常数之比等于它们在式（2.10）和式（2.11）中调整保留体积之比。将式（14.13）代入式（2.11）得到：

$$\alpha = \frac{(K_c)_B}{(K_c)_A} = \frac{p_A^\circ \gamma_A}{p_B^\circ \gamma_s} \qquad (14.14)$$

由于 α 表示 A 和 B 的分离度，式（14.14）表明，这种分离依赖于两个因素：蒸气压（或沸点）的比值和活度系数（或溶质和固定相之间的分子间作用力）的比值。正因为如此，在第 1 章中将这两个参数指为设置气相色谱系统的重要变量。与只依赖于蒸气压比的蒸馏相比活度系数的比值使气相色谱具有更强的分离能力。

一个经典的例子是分离两个沸点相近的溶质：苯（80.1℃）和环己烷（81.4℃）。虽然它们的沸点和蒸气压非常接近，但很容易用气相色谱法进行分离，在中等极性的色谱柱固定相上可以获得较好的效果，因为中等极性固定相与苯的 π 电子之间的相互作用远强于其与非极性的环己烷之间的作用：

$$\alpha = \frac{p_{CY}^\circ \gamma_{CY}}{p_{BZ}^\circ \gamma_{BZ}} \qquad (14.15)$$

另外，根据式（14.16）可以从 GC 数据中计算活度系数：

$$\gamma = \frac{1.7 \times 10^5}{V_g p^\circ M_s} \qquad (14.16)$$

式中，V_g 为比保留体积（每克固定相在 0℃时的净保留体积）。当用色谱法测定苯和环己烷在邻苯二甲酸二壬酯中的活度系数时，得到的值分别为 0.52 和 0.82[14]，进一步得到 $\alpha = 1.6 = 0.82/0.52$。由于苯和极性的邻苯二甲酸二壬酯的分子间相互作用较大，所以苯比环己烷更容易被保留。虽然测定活度系数的目的通常不在于此，但很明显它们是表达 GC 中分子间相互作用的有效手段。

参考文献

快速气相色谱
[1] Reid, V. R. and Synovec, R. E. (2008). *Talanta* 76: 703-717.
[2] Cramers, C. A., Janssen, H. -G., van Deursen, M. M., and Leclercq, P. A. (1999). *J. Chromatogr. A* 856: 315-329.
[3] Klee, M. S. and Blumberg, J. (2002). *Chromatogr. Sci.* 40: 234-247.
[4] Hinshaw, J. V. *LC-GC North America* (2017). 35 (11): 810-815.

气相色谱中的手性分析
[5] Gil-Av, E. (1975). *J. Mol. Evol.* 6: 131.
[6] Bayer, E. and Frank, H. (1980). *ACS Symposium Series #121*, 34. Washington, DC: American Chemical Society.
[7] Konig, W. A. (1992). *Enantioselective Gas Chromatography with Modified Cyclodextrins*. Heidelberg: Huthig.
[8] Konig, W. A. (1982). *J. High Resolut. Chromatogr.* 5: 588.
[9] Schurig, F. V. and Nowotny, H. P. (1990). *Angew. Chem. Int. Ed. Engl.* 29: 939.
[10] Schurig, V. (1988). *J. Chromatogr.* 441: 135.
[11] Konig, W. A. (1990). *Kontakte* 2: 3.
[12] Chiraldex, G. C. *Columns*. Bellefonte, PA: Supelco.

非挥发性化合物的分析
[13] Pierce, A. E. (1968). *Silylation of Organic Compounds*. Rockford, IL: Pierce Chemical.
[14] Knapp, D. R. (1979). *Handbook of Analytical Derivatization Reactions*. New York: John Wiley & Sons.
[15] Drozd, J. (1981). *Chemical Derivatization in Gas Chromatography*. Amsterdam: Elsevier.
[16] Blau, K. and Halket, J. M. (1993). *Handbook of Derivatives for Chromatography*. New York: John Wiley & Sons.
[17] *Derivatization for Gas Chromatography, GC Derivatization Reagents, and Derivatization Wall Chart*. Morton Grove, IL: Regis Technologies, Inc.
[18] *Handbook of Derivatization*. Rockford, IL: Pierce Biotechnology Inc.
[19] Simchen, G. and Heberle, J. (1995). *Silylating Agents*. Ronkonkoma, NY: Fluka Chemical Corp.
[20] Kataoka, H. (1996). *J. Chromatogr. A* 733: 19.
[21] Mosier, R. W. and Sievers, R. E. (1965). *Gas Chromatography of Metal Chelates*. Oxford: Pergamon Press.
[22] Drozd, J. (1975). *J. Chromatogr.* 113: 303.

热解气相色谱

[23] Walker, J. O. and Wolf, C. J. (1970). *J. Chromatogr. Sci.* 8: 513.

[24] May, R. W., Pearson, E. F., and Scothern, D. (1977). *Pyrolysis GC*. London: Chemical Society.

[25] Berezkin, V. G., Alishoyev, V. R., and Nemirovskaya, 1. B. (1983). *Gas Chromatography of Polymers*. Amsterdam (reprinted) Elsevier.

[26] Hu, J. C. (1984). *Adv. Chromatogr.* 23: 149.

[27] Sobeih, K. L., Baron, M., and Gonzalez-Rodriguez, J. (2008). *J. Chromatogr. A* 1186: 51-66.

反相气相色谱

[28] Domingue, J., Burnett, D., and Thielmann, F. (2003). *Am. Lab.* 35 (14): 32-37.

[29] Condor, J. and Young, C. (1979). *Physiochemical Measurements by Gas Chromatography*. Chichester, UK: John Wiley & Sons.

[30] Mohammed-Jam, S. and Waters, K. E. (2014). *Adv. Colloid Interface Sci.* 212: 21-44.

$$第\ 15\ 章$$

气相色谱系统的故障排除

本章对如何预防 GC 分析中可能出现的问题及故障排除方法进行了介绍，并解释了 GC 系统故障发生时色谱峰的形状发生改变的原因。

15.1 故障预防

15.1.1 载气

A. 利用高纯气体，最少 99.9% 的纯度；GC-MS 要求 99.999%。

B. 在所有气瓶上使用分子筛过滤器去除水和甲烷。

C. 在载气管线上使用脱氧管对电子捕获检测器是非常关键的；推荐使用高温毛细管柱。

D. TCD 使用 He（或 H_2）作为载气。N_2 是不敏感的（它同时给出正峰和负峰）。

FID 使用 He 或 N_2 作为载气。

ECD 使用非常干燥、无氧的 N_2。

E. 了解所采用的色谱柱的 van Deemter（或 Golay）图。N_2、He 和 H_2 的最佳流速分别为 12cm/s、20cm/s 和 40cm/s。每天通过注射甲烷来测量载气流速 $\bar{u}$。$\bar{u} = L$（cm）$/t_M$(s)。

15.1.2 进样口

A. 填充柱 - 采用柱上进样；比加热的进样口惰性更强、温度更低。只使用一小块硅烷化的玻璃棉。不要在色谱柱的前几英寸（参阅操作手册）进行填充，以留出注射器针头的空间。使用尽可能低的进样口温度，以使谱带展宽降至最小。

B. 毛细管柱

① 分流：分流的范围在 20∶1 ～ 200∶1，最佳起始点是 50∶1。较低的分流比有利于提高灵敏度，但是分辨率会降低。对于气体进样阀、吹扫捕集以及 SFE 接口，应增加分流比直到 R_S 达到最大值。采用快速进样技术，最后配制自动进样器。

② 不分流：

a. 在挥发性溶剂中稀释样品，如正己烷、异辛烷值或二氯甲烷。

b. 设定色谱柱的温度为溶剂的沸点。

c. 缓慢进样，1 ～ 5μL，"热针"进样技术。

d. 开始升温程序后，1 分钟后打开分流阀。

15.1.3 色谱柱

A. 从可信赖的厂家购买性能良好的色谱柱。定期对柱子进行全面检查。用标准混合试剂进样，测定 N、α、k 和 R_S 值。

B. 定期对色谱柱进行净化处理。净化色谱柱的最好方法如下：

① 烘烤一夜。

② 切掉柱头的 10cm，至少每月切一次。

③ 如有必要，取出色谱柱，用溶剂冲洗（仅适用于键合固定相色谱柱），晾干，重新安装，然后缓慢老化。

切记：一个样品分析的结果不好并不一定意味这个柱子损坏了；可以运行标准样品对柱子进行检查。

C. 毛细管柱

① 长度：从 25m 开始，越短的柱子分析速度越快，越长的柱子的塔板数越多（但是分析速度较慢）。最好使用薄膜、小内径色谱柱和小样品量来增加柱效。

② 直径：从 250μm 或 320μm 开始。大内径（530μm）色谱柱的柱效不高；而 100μm 的小内径柱则要采用小样品量和快速进样。

③ 载气：使用 He 或 H_2；使用 N_2 则速度较慢。

④ 膜厚 d_f：从 0.2μm 或 0.5μm 开始。对挥发性物质使用较厚的膜，但是柱效会相对较低。

15.1.4　检测器

A. 始终要选择合适的载气；载气纯度高。

B. 采用过滤器除去水和轻质的碳氢化合物。

C. 如有需要，可以使用补充气。这对 ECD 和 TCD 是必需的，通常对 FID 也能增加灵敏度。

D. 保持检测器处于较高温度，避免样品冷凝。

15.2　**故障排除**

我们所得的各种色谱图是我们的经验与详尽的文献搜索相结合的结果。

每个色谱图上的进样点由基线上的刻度标记表示，如表 15.1 中序号 1 所示。时间轴从左到右（见箭头）。

在网上有很多关于故障排除的免费指南和手册，通常可以从色谱柱和仪器供应商那里获得。最简单方法是浏览供应商的网站，并在搜索引擎中键入 GC 故障排除或类似的内容。

在进行故障排除时，最好遵循几个基本原则：

① 仔细记录所有的处理步骤和结果，最好是保留所得的色谱图。

② 每次只尝试一种解决方案。如果一次性尝试改变多个步骤却没有解决问题的话，就会导致混乱。

③ 首先尝试最简单的维修方法。先进行推理，再动手拆卸仪器部件。先尝试不需要冷却 GC 仪器或拆卸部件的维修方案。拆卸仪器很费时间，应放在最后尝试。

④ 打电话或求助技术支持。大多数仪器和色谱柱供应商都会提供电话和在线支持。详细讨论遇到的问题并且将获得的信息记录在日志上。

表 15.1　气相色谱系统的故障排除

序号	问题	可能的原因	检查和维修方法
1	不出峰 进样 ↓ 时间→	a. 主电源未开；保险丝烧坏	a. 电源插头；检查保险丝
		b. 检测器（静电计）未开	b. 打开检测器（静电计）开关，调整到所需的灵敏度水平
		c. 没有载气流动	c. 打开载气阀并设置合适流量。如果载气线路堵塞，清除堵塞物。如果气瓶没有载气了则更换载气瓶
		d. 积分电路／数据系统连接不正确；没有打开；没有接地	d. 按照手册中所描述的方法连接系统。移去连接系统输入到地面或屏蔽的任何跳线
		e. 注射器温度过低；样品未蒸发；提高注射器的温度	e. 用挥发性样品（如空气或丙酮）进行检查
		f. 注射器渗漏或者堵住	f. 将注射器中的丙酮喷到纸上；如果没有液体流出，则更换注射器
		g. 进样口隔垫泄漏	g. 更换进样口隔垫
		h. 色谱柱连接处松动	h. 使用检漏仪；检查泄漏；拧紧柱子的连接螺母
		i. 熄火（仅对 FID）	i. 检查火焰；检查水汽是否在镜子上凝结；必要时照明
		j. 检测器没加电压（对于所有离子化检测器）	j. 将检测器电压置于接通位置。并检查检测器的电缆是否损坏。根据说明书用电压表测量电压
		k. 柱温太低。样品冷凝在柱子上	k. 注射挥发性化合物时，如空气或丙酮；增加柱温
2	保留时间正常，但灵敏度很低	a. 稀释度太高	a. 降低稀释度
		b. 进样量不足	b. 加大进样量并检查注射器
		c. 进样技术不佳	c. 改进进样技术
		d. 进样时注射器或隔垫漏气	d. 更换注射器或隔垫
		e. 载气泄漏	e. 找到漏气位置并处理，通常这时保留时间会改变
		f. 热导检测器响应低	f. 使用较高的灯丝电流；用 He 或 H_2 作载体
		g. FID 响应低	g. 优化空气和氢气流速，用氮气作为补充气体

序号	问题	可能的原因	检查和维修方法
3	随着保留时间增加，灵敏度降低	a. 载气流速过低 b. 注射器下端气体泄漏；通常在柱入口处 c. 进样隔垫连续泄漏	a. 加大载气流速 b. 如果载气管道被堵，定位堵点、并移除堵塞物 c. 找到泄漏点并处理
4	负峰	a. 积分器或数据系统未正确连接，信号输入有问题 b. 在双柱系统中，样品注入到了错误的柱中 c. 模式开关处于错误的位置（离子化检测器） d. 极性开关位置错误（热导检测器）	a. 按照说明书要求连接系统 b. 将样品注入正确的柱中；仅针对双柱系统 c. 确保用于分析柱的模式开关在正确的位置 d. 更换极性开关
5	波形基线漂移	a. 检测器温控器有问题 b. 柱温控制有问题 c. 主控制面板上的炉温箱温度设置太低 d. 载气流量调节器故障 e. 载气瓶压力过低，使调节阀无法正常控制	a. 更换温控器或温度传感探针 b. 更换炉温箱温控模块或温度传感探针 c. 将炉温设置更高，必须高于柱温箱最高期望操作温度 d. 更换载气流量调节器；有时压力越大越容易控制 e. 更换载气瓶
6	不规则基线漂移	a. 仪器安装的位置不合适 b. 仪器未正确接地 c. 柱流失 d. 载气泄漏 e. 检测器被污染 f. 检测器收集极被污染（离子化检测器） g. 载气调节不当	a. 改变仪器的位置。仪器不应直接放在加热器或空调鼓风机下，也不应置于易受大气流和环境温度变化影响的地方 b. 确保仪器和数据系统接地良好 c. 如仪器手册所述，稳定色谱柱。有些柱子在理想的操作条件下不能达到稳定，总是会产生基线漂移，特别是在高灵敏度条件下操作时 d. 定位泄漏位置并处理 e. 清洁检测器；升高温度，把检测器烘烤过夜 f. 清洁检测器收集极。见仪器手册 g. 检查载气调节器和流量控制器以确保操作正确。确保载气瓶有足够的压力

序号	问题	可能的原因	检查和维修方法
6	不规则基线漂移	h. 氢气或空气调节不当（仅对 FID）	h. 检测氢气和空气流量以确保适当的流速和调节
		i. 检测器灯丝有缺陷（仅 TCD 检测器）	i. 更换 TCD 检测器组件和灯丝
		j. 静电计有缺陷（离子化检测器）	j. 见仪器手册的静电计故障排除
7	在一个方向上的恒定基线漂移（等温）	a. 检测器温度增加（降低）	a. 在改变温度后，让检测器有足够的时间稳定，特别是 TCD 检测器。由于检测器的质量大，在一定程度上会滞后于所指示的温度
		b. 柱流出端下游的气体泄漏（仅 TCD 检测器）	b. 很小的泄漏允许少量空气以恒定的速率进入检测器。但这反过来又会以恒定的速率氧化受影响的元素，同时缓慢改变它们的电阻。找出泄漏点并处理。这些通常是非常小的泄漏，很难找到。如有必要，使用高载气压力（60～70psig）
		c. 检测器灯丝有缺陷（仅 TCD 检测器）	c. 更换检测器或灯丝
8	程序升温时出现基线向上漂移	a. 当温度升高时柱流失增加	a. 采用薄膜柱和更低的温度。如果有可能，使用具有更高温度稳定性的色谱柱
		b. 柱污染	b1. 烘烤柱子过夜 b2. 将柱子的前 10cm 切除
9	程序升温时出现不规则基线漂移	a. 老化过的柱子"柱流失"过多	a. 用薄膜柱和更低的温度。换用不同的柱子
		b. 柱子未老化	b. 按照说明书老化柱子
		c. 柱污染	c. 见问题 8 中 b
10	基线不归零	a. 数据系统的基线设置有误	a. 重置归零。用一根导线短接系统输入并调零。见系统说明书
		b. 检测器灯丝不平衡（TCD 检测器）	b. 更换检测器
		c. 柱流失的信号过多（尤其是 FID 检测器）	c. 用"柱流失"少的柱子。使用更低的柱温
		d. 检测器被污染（FID 和 ECD 检测器）	d. 清理检测器收集极和头部组件
		e. 数据系统连接不正确	e. 按照仪器手册连接系统。移去连接系统输入到地面或屏蔽的跳线

序号	问题	可能的原因	检查和维修方法
11	间隔时间不规则的"尖峰"	a. 开关门窗或鼓风机等引起快速气压变化	a. 将仪器放置在合适位置，使问题最小化。不要放置在加热器或空调鼓风机下
		b. 灰尘颗粒或其他外来物质在火焰中燃烧（仅 FID）	b. 注意保持检测室不含玻璃棉、绝热材料、分子筛（空气滤清器）、粉尘等。采用吹扫或真空检测器来除尘
		c. 绝缘体和 / 或连接器（离子化检测器）污染	c. 使用无残留溶剂清洁绝缘体和连接器。清洁后不要用手指触摸
		d. 线路电压波动较大	d. 使用独立的电源插座；使用稳压器
12	背景信号高（噪声）	a. 色谱柱被污染或柱流失过大	a. 重新老化色谱柱（参考问题 8b）
		b. 载气被污染	b. 更换或再生载气过滤器。加热过滤器至 175 ～ 200℃左右再生，并用干氮气吹扫过夜
		c. 载气流速过高	c. 减小载气流速
		d. 载气泄漏	d. 检查泄漏位置并处理
		e. 连接处松动	e. 确保所有连接插头和螺丝连接紧密。确保模块正确地安装在对应的连接器中
		f. 未接地	f. 确保所有接地线连接紧密，且接地良好
		g. 开关被污染	g. 找到污染的开关，用接触清洗器喷洒，将开关旋转几次
		h. 注射器被污染	h. 清理注射器管并更换隔垫
		i. 检测器被污染（TCD检测器）	i. 清理检测器
		j. 检测器灯丝有缺陷（TCD检测器）	j. 更换检测器组件
		k. 氢气流速过高或过低（FID检测器）	k. 调整氢气流速到合适的水平
		l. 空气流速过高或过低（FID检测器）	l. 调整空气流速到合适水平

附 录

附录 1　缩略词、物理量符号和希腊符号

（1）缩略词

缩略词	定义
BPC	化学键合相色谱法
ECD	电子捕获检测器
ECN	有效碳数
EPC	电子压力控制装置
FID	火焰离子化检测器
FTIR	傅里叶变换红外光谱
GC	气相色谱法
GC×GC	全二维气相色谱法
GLC	气 - 液色谱法
GLPC	气 - 液分配色谱法
GSC	气 - 固色谱法
HETP	理论塔板高度
IC	离子色谱法
IEC	离子交换色谱法
IUPAC	国际纯粹与应用化学联合会
LC	液相色谱法
LSC	液 - 固色谱法
MDQ	最小检测量
MP	流动相
MS	质谱法

缩略词	定义
MSD	质谱检测器
OT	开口管
PDMS	聚二甲基硅氧烷
PLOT	多孔层开管柱
PTV	程序升温汽化
RSD	相对标准偏差
SCOT	载体涂渍开管柱
SD	标准偏差
SEC	尺寸排阻色谱法
SP	固定相
TCD	热导检测器
TF	拖尾因子
TOF	飞行时间（质谱）
TPGC	程序升温气相色谱法
WCOT	涂壁空心柱

（2）物理量符号

符号	定义
A	峰面积
A_s	柱子内固定相的表面积
d	相邻两峰的峰高之间的距离
d_c	柱子内径
d_p	颗粒直径
C, C_S, C_M	传质阻力项，固定相传质阻力项，流动相传质阻力项
D	检测器的最低检测限
D	扩散系数（总）
D_G	扩散系数（气相）
D_L	扩散系数（液相）
D_M	扩散系数（流动相）

符号	定义
D_S	扩散系数（固定相）
f	检测器相对校正因子
F	流动相流速（柱外测量）
F_c	流动相的校正流速
$\overline{F}_c$	流动相平均流速
H	塔板高度
H	焓
I	科瓦兹保留指数
j	流动相压缩因子
K	保留因子（容量因子）
K_c	分布常数（分配系数）
L	柱长
N	噪声（检测器）
N	理论塔板数
P	压力
P_i	进样口压力
P_o	出口压力
P^o	平衡蒸气压
γ_c	柱内半径
R	阻滞因子
R	气体常数
R_S	峰分辨率
S	检测器灵敏度
t	时间
t_M	流动相滞留时间
t_R	保留时间
t'_R	调整保留时间
T	温度（K）
T_c	柱温
V	体积

符号	定义
V_S	0℃时的比保留体积
V_G	粒间体积，气相体积
V_L	液相体积
V_M	流动相滞留体积，死体积，柱内流动相体积
V_R	净保留体积
V_S	总保留体积
W_b	峰底宽
W_h	半峰宽
Z	在目标化合物色谱峰前出峰的正构烷烃的碳原子数目
$Z+1$	在目标化合物色谱峰后出峰的正构烷烃的碳原子数目

（3）希腊符号

符号	定义
α	分离因子
β	相比
χ	活度系数
λ	填充因子
μ	溶质速率
$\bar{\mu}$	平均溶质速率
σ	高斯峰的标准偏差
σ^2	高斯峰的方差
τ	时间常数
ω	填充因子

附录2　其他气相色谱书籍

[1] Barry, E. F. and Grob, R. L. (2007). *Columns for Gas Chromatography: Performance and Selection*. Hoboken, NJ: John Wiley & Sons.
[2] Blumberg, L. M. (2011). *Temperature Programmed Gas Chromatography*. New York: John Wiley and Sons.

[3] Fowlis, I. (1995). *Gas Chromatography*, 2e. Hoboken, NJ: John Wiley & Sons.

[4] Grob, K. (2007). *Split and Splitless Injection for Quantitative Gas Chromatography*: Concepts, *Processes, Practical Guidelines, Sources of Error*. New York: John Wiley and Sons.

[5] Grob, R. L. and Barry, E. F. (eds.)(2004). *Modern Practice of Gas Chromatography*, 4e. Hoboken, NJ: John Wiley & Sons.

[6] Hubschmann, H. -J. (2015). *Handbook of GC-MS Fundamentals and Applications*, 3e. New York: John Wiley and Sons.

[7] Jennings, W., Mittlefehldt, E., and Stremple, P. (1997). *Analytical Gas Chromatography,* 2e. Amsterdam: Elsevier.

[8] McMaster, M. (2008). *GC/MS A Practical Users Guide*. New York: John Wiley and Sons.

[9] Miller, J. M. (2005). *Chromatography: Concepts & Contrasts,* 2e. Hoboken, NJ: John Wiley & Sons.

[10] Poole, C. F. (2012). *Gas Chromatography*, 1e. Amsterdam: Elsevier.

[11] Rood, D. (2007). *Troubleshooting and Maintenance Guide for Gas Chromatographers*, 4e. Hoboken, NJ: John Wiley & Sons.

[12] Scott, R. P. W. (1997). *Introduction to Analytical Gas Chromatography*, 2e. Boca Raton, FL: CRC Press.

[13] Sparkman, O. D., Penton, Z., and Kitson, F. G. (2011). *Gas Chromatography and Mass Spectrometry A Practical Guide*. Amsterdam: Elsevier Academic Press.